U0155348

陪你整理

家庭收纳一本通

penny◎编著

北京大学出版社
PEKING UNIVERSITY PRESS

内 容 简 介

空间混乱、没有分区，是很多当代人的房间的现状。我们常常因为没有规划房间，没有对物品进行整理和收纳，而把自己的生活弄得乱糟糟。凌乱不堪的房间其实是一个人生活状态的写照，整理好物品，也是整理好生活和内心。美好生活，从学会收纳开始。

在我们的生活、学习、工作甚至娱乐活动中，都少不了"收纳"的思维方式和技巧。本书从理论知识到收纳实操，从有形收纳到无形整理，全面地讲解了吃的收纳、穿的收纳、玩的收纳、亲子收纳及工作收纳的方法、原则与技巧等内容。

图书在版编目(CIP)数据

陪你整理：家庭收纳一本通 / penny 编著 . — 北京：北京大学出版社，2022.5
ISBN 978-7-301-32974-0

Ⅰ.①陪… Ⅱ.① p… Ⅲ.①家庭生活－基本知识 Ⅳ.① TS976.3

中国版本图书馆 CIP 数据核字 (2022) 第 052481 号

书　　　名	陪你整理：家庭收纳一本通	
	PEINI ZHENGLI：JIATING SHOUNA YIBENTONG	
著作责任者	penny　编著	
责 任 编 辑	张云静　刘羽昭	
标 准 书 号	ISBN 978-7-301-32974-0	
出 版 发 行	北京大学出版社	
地　　　址	北京市海淀区成府路205号　　100871	
网　　　址	http://www.pup.cn　　新浪微博：@北京大学出版社	
电 子 信 箱	pup7@pup.cn	
电　　　话	邮购部 010-62752015　发行部 010-62750672　编辑部 010-62570390	
印 刷 者	北京宏伟双华印刷有限公司	
经 销 者	新华书店	
	880毫米×1230毫米　32开本　7印张　155千字	
	2022年5月第1版　2022年5月第1次印刷	
印　　　数	1-6000 册	
定　　　价	59.00 元	

序

连我自己也想不到，我竟然要出版一本书。

我的成长经历四平八稳，求学，考研，毕业后在大公司"朝九晚五"地上班，做数据分析相关的工作，每天和各种 Excel 表格打交道。

走着既定的发展道路，似乎也没什么不妥。但是我心里总觉得，需要做点自己喜欢的事情。

辞职后，我笔耕不辍地给人写稿子、写影评。一个学数学的，竟然靠写作谋生，还乐此不疲。后来因为装修房子，我开始痴迷于家居和收纳，我有大把的时间，索性去系统地学习了收纳。

学习收纳后，我懵懵懂懂地走上了创业的道路，成立了收纳整理工作室。那段时间，我去了很多客户家，积累了很多上门整理的实践经验，虽然累，但是我很享受收纳整理的过程。我经常回家后复盘白天的整理工作，思考哪里可以继续改进。

我们的工作室经常收到客户非常积极的反馈：有客户写来长长的一段话表示感谢；还有客户说看到整理好的房间之后，心情大好，甚至连生活状态都发生了明显的变化——变得更积极主动、更热爱生活。

　　这些收纳技巧竟然如此打动人心！于是我"重操旧业"，写起了公众号文章。只不过这一次，我是为自己而写，而不是给别人代笔。

　　慢慢地，积累的经验和方法越来越多，我也开始在短视频平台分享自己的收纳方法和技巧，受到了很多人的喜爱。于是我鼓足勇气，想要把这些经验与方法，连同自己的感悟，一起写成一本书。

　　看完此书，你会学习到系统的收纳技巧和收纳的思维方式，如果能再收获一些对美好生活的憧憬和勇敢做自己的勇气，那我将万分开心！

penny

前言

　　在我们的生活、学习、工作甚至娱乐活动中，都少不了"收纳"的思维方式和技巧。我们每天面对着纷繁复杂的事件和物品，如果不仔细梳理，就会发现自己的生活很容易陷入一种糟糕的境地。

　　凌乱不堪的房间其实是一个人生活状态的写照，整理好物品，也是整理好生活和内心。

　　书的开篇可能有些枯燥，是从理论开始讲起。想要成为一个收纳高手，其实需要做好思想准备，遵循一定的原则。收纳不仅仅是把物品摆放整齐，也是对内心的梳理和生活态度的更新。相信每个人都能学会收纳，都能掌握收纳的思维方式。

　　后面的章节介绍了具体的收纳整理方法。这些章节并没有按照传统的家庭分区方式来写，而是分"事情"，围绕人的吃、穿、玩、工作、亲子这几个方面来写。为何如此划分章节呢？因为客厅、厨房、书房、卧室是客观存在的空间，以物体为主体，而收纳更应该关注"人"，关注如何让自己过得更舒服。

　　书中除了介绍有形物品的整理，也有很多内容讲到"无形物品"的整理。例如，提升工作效率，涉及工作文件的整理；"玩"的部分，涉及我们对自己的认知；"亲子"部分，涉及如何与小朋友相处。

　　由于我的收纳技巧在网上受到了很多人的喜爱，我的称谓也多了一个，那就是家居博主。如果你喜欢收纳、喜欢我，可以关注我的小红书账号"penny"，我会经常分享一些收纳技巧和实用工具。

除了本书，读者还可以免费获取以下学习资料。

1.《微信高手技巧随身查》《QQ 高手技巧随身查》《手机办公 10 招就够》三套电子书，教你移动办公的技巧。

2.《10 招精通超级时间整理术》视频教程，专家传授 10 招时间整理术，教你如何有效整理时间、高效利用时间。

温馨提示：以上资源，请扫描下方二维码，关注微信公众号，输入本书 77 页的资源下载码，获取下载地址及密码。

感谢胡子平老师的精心策划与指导，在本书的创作过程中，给予我极大的鼓励和创作指导。我竭尽所能地为读者呈现最好、最全、最新的内容，但仍难免有疏漏和不妥之处，敬请广大读者不吝指正。

目录

01 你知道吗？
CHAPTER 收纳师的收纳原则大公开

02 CHAPTER "吃"的收纳，让生活更有品位

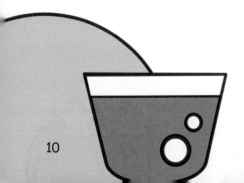

03
CHAPTER
"穿"的收纳，"盛装出席"每一天

04 "玩"的收纳，
CHAPTER 让生活更美好

05 CHAPTER 亲子收纳，让孩子更快乐

06 CHAPTER 工作收纳，让工作更高效

　　"美好"不是一瞬间的光鲜，而是无数次苦心经营的结果。无论怎样，都要热爱生活，无所畏惧。

　　本章内容最"枯燥"却最实用，掌握这些收纳的原则，可以帮助你学会收纳，彻底摆脱凌乱。

01
CHAPTER

你知道吗？
收纳师的收纳原则大公开

第1节
一次彻底整理，一生摆脱凌乱

你相信吗，只要经过一次彻底整理，就可以一生摆脱凌乱！

也许有人对此表示怀疑，认为"我就是不擅长收纳整理""我老公绝对会把房间弄乱""整理了有什么用？还是会乱的"。其实，这样想是因为对收纳整理有些误解，误以为把物品收起来就是收纳整理了。

只要经过专业收纳师的整理，"复乱"的可能性微乎其微。那么专业收纳师整理和普通人整理，究竟有什么不同呢？

记得以前一位收纳启蒙老师举过一个例子：跑步这件事每个人都会，这是我们的本能，而对运动员来说跑步则是一种技能，跟我们普通人跑步是不一样的。

再者，健身的人会有这样的感觉：跟着教练健身和自己健身，效果天差地别。自己锻炼，最终的结果就是，时间没少消耗，健身房也没少去，可还是没有得到系统、有效的锻炼。

之所以会这样，是因为方法错了，就算付出再多的时间，也无法得到理想的结果。

收纳整理是讲究方法和技巧的。只有用正确的方法收纳整理，才能起到"一次整理，一生摆脱凌乱"的作用。

"一生摆脱凌乱"听起来十分不可思议。其实，凌乱的状态是由错误的方法和心态造成的。只要摆正了心态，用对了方法，任何人都可以生活得井井有条、从容不迫。

你房间的样子，就是你的样子。内心从容安定的时候，房间往往是干净温馨的；而处于忙乱急躁的状态下，房间也会不知不觉变得乱七八糟。

空间是人内心的写照，受人的状态影响，也会影响人的状态。当你觉得身心疲惫不堪时，不妨先从有形的物品开始整理，通过对有形物品的分类、取舍、归位，调整自己的工作和生活状态。

♡温馨小提示♡

　　本书不仅会传授收纳物品的方法和技巧，还会介绍提升工作效率和调整心态的方法，希望能帮助大家整理好自己的生活。

第 2 节
审视自己的家居环境有没有"高级感"

家居环境的高级感并不来自华丽物品的堆砌。家居环境是否有高级感，并不取决于金钱的多少，而是要看家的主人有没有一颗热气腾腾的心，努力构筑生活的秩序感和美感。

当你感觉生活的环境乱糟糟的时候，恭喜你已经走上了自我意识觉醒之路。下一步要做的，就是知行合一，把脑海中关于改造家的想法一一实现。最可怕的事情，就是对周围的环境浑然不知，对更美好的生活没有期待，在忙乱的生活中对自己的要求一降再降。

怎样审视自己的家呢？我有一个从摄影师那里学来的秘诀：把家拍下来。可能有人觉得多此一举，为什么不直接用眼睛观察呢？这里面的奥秘说起来很有意思，我们的眼睛具有一定的美化能力，会忽略一些不重要或不愿意看到的细节。例如，当你专心致志地看电视时，可能很久都不会注意到电视柜上的杂物。

简单来说，就是"用眼看"的方式掺杂了很多个人情感，会自动过滤一些信息，美化周围的环境，导致你无法发现家居环境的问题。而把家拍下来看照片，更容易发现家居环境的问题。当然这里的"拍下来"指的是不经太多思考的随手拍摄，而不是像摄影师那样经过一番巧妙构图之后进行拍摄，因为摄影师的专业技能就是隐藏不美、展示美。

我曾经对这个摄影师的理论不是很确信，但当我在家里拍照、录视频时，我才发现，装修得美美的北欧风的家，竟然配了一个风格完全不搭的绿色塑料垃圾桶。它就这样突兀地出现在了镜头里，而我一年多来竟对它熟视无睹。直接用眼看家里的陈设，确实会忽略很多细节问题。

后来，每当我想要优化我的家时，都会随手拍照片，然后在平板电脑上审视照片，列出想要改造的部分的清单，并一一实现。

第3节
原来收纳需要有"收纳的思维"

本节主要介绍几种收纳的思维方式。掌握了这些思维方式，再去解决实际的收纳问题，会更加简单、高效。

1. 以人为本

"以人为本"的思想一定要贯穿收纳整理的全过程，考虑问题的第一要素必须是"人使用时是否舒适、便捷"。

也许有人会想，这是自然的啊。然而生活中的反例特别多，我们收纳整理时常常会忽略自己。

比如，我们在断舍离的时候经常会想"这个东西还有用""买的时候挺贵的""以后说不定用得上"……这些想法，就是让物品的价值高于个人体验了。

任何物品，都是有用之物，如果单纯从"物品是否有用"来考虑，那么永远也没有办法断舍离。我们应该优先考虑自己，看看自己究竟要不要用这件物品。例如，一副完好无损的近视眼镜本身是有用的，但是对不近视的人来说，它就是无用之物。如果我们每时每刻都能照顾自己的感受，就不会让物品决定生活。

绝大多数收纳攻略会按照不同的空间来介绍不同的收纳整理方法，如厨房整理、卧室整理、衣橱整理等。这样分类，确实能解决某个特定区域的收纳整理问题，但是难以彻底改善一个人的生活状态。

我们经常在整理衣橱后发现，沙发上、飘窗上依然堆满了衣服，想穿的衬衫总是懒洋洋地躺在脏衣篓里，每天出门前仍然会手忙脚乱地找衣服。

其实，整理衣橱的目的并不是让衣橱变整洁，而是让自己使用起来更便利。"穿戴"这一系列动作都是为人服务的，要想让每一个环节都顺畅、舒适，仅仅拥有一个整洁的衣橱还不够。

我们常常歌颂"吃苦"，认为"吃得苦中苦，方为人上人""吃苦在前，享受在后""年轻人就该多吃苦"，而"小资""享乐"这些词多少都带着贬义。因此我们总是隐隐觉得，无论什么时候，吃苦都是应该的。

一个很能"吃苦"的人，面对家里的不便利之处，总是会"忍"，就这样马马虎虎、勉勉强强地过日子。

我不推崇吃苦，尤其是通过压抑自己来吃苦。在收纳中也是一样，要学会享乐，要照顾好自己的感受，而不是让人去学习和适应某种收纳法则。

实际上，科技进步和人类发展，很大程度上都是在让人享乐。比如洗碗机、扫地机器人、智能家居等科技产品的发明，都是为了将人从繁重的家务中解放出来。这些产品可以节省我们的时间，而省下来的时间可以用来看书、休闲娱乐、健身，以及和家人更好地交流。

2. 先谋后动

所谓"先谋后动"，就是先谋划、后行动。

收纳不应是一种随机行为或临时行为，需要有长线思维和全局思维。那么"随机"和"临时"会导致哪些问题呢？

如果在客人拜访之前匆匆忙忙地进行收纳，或是在心血来潮时进行收纳，那么很有可能只是把表面的杂物迅速塞进柜子里，使家中暂时整洁，很容易"复乱"，并导致找不到物品的情况频频发生，从而得出"收拾了还不如不收拾"的结论，以后对收纳更加没有热情。

随机的、心血来潮的收纳还容易导致家庭矛盾。如果因为心血来潮，想让家人一起收纳整理，但家人并不理解，很容易引发其他问题。

（1）收纳的长线思维，第一点是要"提前布局"

我们在装修房子的时候就应该考虑收纳问题，而不是等到入住后再因为收纳空间不足而抓狂。在各种收纳"疑难杂症"中，最难解决的就是装修时遗留的"硬伤"，比如家里的储物空间严重不足，只摆放了几个家具用来存放物品。

有统计表明，中国人平均拥有的物品数量约为 1500 件，根据家庭成员数量计算，得到的家中物品总数一定是惊人的。如果家里有喜欢"买买买"的"剁手族"，物品总数会更庞大。

面对如此多的个人物品，在装修时设计"顶天立地"的储物空间尤为重要。五斗柜、角柜、茶几、边柜及鞋架等"摆放式"家具，不能作为收纳的主力选手，只具有辅助和搭配的作用。

许多人对"显得空间大一些"有执念，不喜欢定制"顶天立地"的柜子，觉得这样会使空间有压抑感。实际上，把家居中需要注意的事项按重要程度由高到低排序的话，应该是健康（材质优良、环保、无污染）、实用（动线合理、收纳空间足够）、美观（美观需要为健康和实用让位）。另外，不设计顶天立地的储物空间，不一定能让空间更美观。如果精心挑选的电视柜、五斗柜、边柜等家具台面上堆满了杂物，空间再大也会显得凌乱。

（2）收纳的长线思维，第二点是要考虑"家庭的成长"

所谓家庭的成长，一般轨迹是从单身到二人世界，然后变为三口之家，甚至是三代同堂。

宝宝的出生是一个家庭成长轨迹上重要的"分界点"。有了宝宝，意味着物品数量会暴增，不仅有宝宝的物品，还可能有老人的物品。所以在最初装修设计时，就要充分考虑这些随时间变化而产生的收纳问题。

随着家庭成员的增多，原本轻松的家务变得繁重，原本"没必要"的洗碗机、吸尘器、扫地机器人变成了"刚需"；为了满足家庭成员对食物多样性的需求，厨房中也会陆续增加很多小家电。在装修之初，就要充分考虑这些物品的安置和存放问题。

3. 化繁为简

《化繁为简》是杰弗里·克鲁杰的一本书，书中有一句话打动了我——改变你的思考方式就能改变你的世界。将复杂的事情简单化，能够让你重新思考公司、家庭、艺术和你的世界。

当你对收纳感到非常困惑时，请放下复杂的规划和设计，将思路简单化！最终你会发现，看似棘手的问题，其解决方法竟然出奇简单。

很多人幻想有各种各样的"收纳神器"可以解决家里的收纳问题，

其实所谓的神器往往会变成最难收纳的物品。而真正好用的收纳工具，可能"其貌不扬"、简简单单。我们要摆脱对复杂的、高大上的收纳神器的依赖，不要看到网上的推荐就忍不住购买。

♥ 温馨小提示 ♥

　　购买收纳工具可以选择一些设计简约的品牌，如宜家、无印良品、天马等。常规款式的优势是方便随时补货，能让家里的收纳工具风格统一，视觉上更美观。

第 4 节
比断舍离更难的是物品分类

物品有一套常规的分类方法，然而这种常规的分类方法却忽视了物品的一个属性——使用频率。

很多自认为关注收纳的人，会把同类物品放在一起，认为这样做是对物品进行了合理的分类，然而，真正使用物品的时候，却发现物品乱作一团。

比如把所有调味品放在一起，由于调味品种类众多，开封的和没开封的混放在一起，一旦使用时找不到已开封的调味品，就会顺手打开一瓶新的。保鲜膜也是同样的道理，如果将各种尺寸的保鲜袋、锡纸、保鲜膜混放在一起，就会导致同时打开多个同款产品的情况发生。我见过最夸张的案例，同时打开了 3 瓶耗油、4 个保鲜膜。

之所以出现这些问题，是因为在进行物品分类的时候，没有考虑到使用频率。

每个家庭都会囤积一些生活用品，以备不时之需，这些物品可以称为"低频物品"，需要和正在使用的物品分开存放。如果家里设置了专门的囤货区，会让空间利用率大大提升。

正在使用的物品中，有的是偶尔使用，称为"中频物品"，需要放置在相对顺手的位置。

而最常用的物品，也就是几乎每天都会使用的物品，称为"高频物品"，需要放置在最顺手的位置——最佳位置，最佳位置也被称作"黄金区域"。

真正的收纳并不是把同类物品放置在一起。只有根据使用频率来整理物品，才算是真正做到了分类清晰。也只有这样，才不会在使用某种物品时，把东西弄得特别混乱，也不会同时打开多个同样的物品。设置囤货区，也可以使"把握物品总量"这件事变得更轻松。

上图中，调味品分了三个区域来摆放。灶台右侧台面上是最顺手的黄金区域，摆放了"高频调味品"，也就是每天做饭都会用到的油、盐、酱油、醋、鸡精等，取放非常方便。

灶台左下方的抽屉里摆放了"中频调味品"，包括八角、香叶、肉桂、冰糖、孜然等。这些调味品在日常生活中也会用到，但使用频率并不是非常高，弯腰打开抽屉即可取用。

灶台左上方的吊柜里摆放了"低频调味品"，这些调味品基本都是囤货类物品，使用频率很低，只有在分装补给时才会用到。存放时搭配手柄式密封盒，既能密封防尘，又能让我们很方便地取下高处的物品。

在囤货区的密封盒上贴标签，可以提醒自己里面的物品是什么。另外，我们需要定期检查囤货是否充足，并及时补充。

把调味品按使用频率分成三类来摆放后，使用起来非常方便，再也不会出现混乱的情况了。

第 5 节
行动起来，给物品找个"家"

每个物品都需要一个"家"，这个"家"就是物品存放的区域。分区的本质是对空间进行分类，让物品去自己该去的位置。如果没有合理分区，就会出现"物品到处流浪"，家中总是找不到要用的物品的情况。

关于分区是否合理，可以从以下两个维度审视一下自己的家。

（1）第一个维度是，当家中添置了一些新物品时，如全家外出购物归来，买了各种各样的商品，或者积攒了一段时间的快递要集中拆箱，面对这些琳琅满目的物品，你能否第一时间确定它们的存放位置？

可以和全家人一起做一个小小的测试，看看家人是否知悉物品的存放位置。测试结果可能让你大吃一惊，生活在同一个屋檐下的一家人，对物品存放位置的认知可能会有巨大差异。尤其是一些男主人，也许不清楚很多东西的具体存放位置，也不知道家中新增的物品该如何存放。对家中物品存放位置的不熟悉、不确定，会导致一些收纳困境，比如一方按照自己的生活习惯存放物品，另一方却找不到。另外，如果将物品随手摆放，那么这件物品可能就会从家里"失踪"，变成谁都找不到的物品。如果家里有"失踪"的物品，最有可能出现的情况就是重复购买，比如找不到剪刀了，就再买一把，找不到指甲刀了，就再买一套，这样必定会造成金钱的浪费。只有经过彻底的收纳整理，"失踪"很久的物品才有可能重新出现。

（2）第二个维度是，当想到某个物品时，比如突然要春游，许久不用的帐篷、户外登山鞋、指南针、手套、防晒服等物品依次出现在脑海中，你能否准确地去相应的位置拿取物品？有人会说，要记住所有东西的位置，也太累了吧？其实，我们并不需要记住家中所有物品的位置，只需要记住分区即可。

在家庭收纳中，分区尤为重要。我们不需要知道螺丝刀在哪里，只需要知道所有工具类物品都放在阳台的储物柜里，那么打开储物柜，根据储物柜中收纳盒上的标签，就能找到螺丝刀了。

如果这两个维度的测试你都可以顺利完成，那么恭喜你，你的物品都有了一个位置妥帖的"家"！

❤温馨小提示❤

　　关于家庭收纳需要注意的是，一旦有人改变了物品的摆放位置，要记得及时跟家人沟通，否则会出现"东西都是你放的，我不知道在哪"的抱怨。

第 6 节
享受收纳，家温暖的秘密就在这里

记得某一次讲座中，我说收纳能带给人幸福感和充实感，家庭成员，尤其是女主人，不要万事都大包大揽，剥夺男主人获得这种幸福感和充实感的机会。

大家会心一笑，一定是觉得"以后让对方做家务更有底气了，这是在给对方增加幸福感"。实际上，全家人一起进行收纳整理，一定会成为每个人的美好回忆。

记得小时候看过一篇作文，作者家里停电了，借此难得的机会，全家人不再闷在家里看电视、躲在房间玩电脑，而是一起去户外散步、聊天、看星星，度过了一个特别美好的夜晚。

收纳也是一样，这是一个让家人紧密联系在一起的契机，具有一种仪式感。如同过年时全家大扫除一样，日常生活中，全家人一起收纳整理，也会给生活增加很多乐趣。与其坐在沙发上玩手机，不如全家人一起做一个家庭收纳规划，研讨家具的位置、物品的摆放、日常行动的动线。

如果注重仪式感，还可以带着孩子一起召开"家庭收纳会议"。

家庭收纳会议需要有一名主持人及参会的家庭成员，由主持人提问，家庭成员轮流发表意见。召开会议的目的不是指责别人跟自己不一样的观点，而是探寻让全家人都满意的收纳方式。比如家里的布局是否合理、储物空间是否充足、物品的摆放位置是否合理，是否每个人都清楚地知道家里物品的摆放位置。

经过一两次家庭收纳会议之后，就可以让小朋友做主持人啦！这个过程不但可以增进全家人的沟通交流，还能锻炼小朋友的社交能力、沟通能力、组织协调能力等。

我积累了很多因为收纳而改变家人之间相处方式的例子，如为出差回来的老公开辟茶室、换上软软的懒人沙发满足对方看书的爱好等。从这些案例中，都能感受到当事人的幸福。

如今人的生活压力很大，大家都戏言"何以解忧，唯有暴富"。日常生活中，其实有很多不需要花费太多金钱，就能大大提升幸福感的事情。

比如入住几年后的房子，可以考虑改变家具的摆放位置和软装布局，来给生活增加乐趣。

举一个例子来说明家居改造带来的幸福感。一个客户家的厨房添置了一台洗碗机，生活的幸福感大大提升，但是也出现了一些收纳问题：洗碗机占据了橱柜，原本摆放在橱柜里的物品无处安放；而且洗碗机不仅占据了一整个橱柜，连同周边的转角也不能使用了。面对这些无处安放的物品，我们不断商讨收纳方案，最终，冰箱被移到了厨房外，虽然距离有一些远，但是厨房多出来很大的储物空间，原本放冰箱的位置做了封闭和开放相结合的柜子——顶部和底部的封闭区可以存放不常用的物品，中间的开放区存放常用的小家电。微波炉换成了蒸烤箱，将微波炉和小烤箱的功能合二为一，其位置也从餐桌移到了厨房。

经过这样一轮改造，客户家拥有了洗碗机，餐桌更宽敞了，厨房储物空间被加大，蒸烤箱满足了热饭和烘焙、烤肉的需求，再也不用搬运烤箱了。而代价就是冰箱和水槽的距离比以前远，动线不如以前方便。

但是万事无法达到十全十美，目前这种变化已经让一家人收获了满满的幸福感。而且在商议改造方案的过程中，夫妻俩都提出了自己的想法，有商有量，最终达成了一致的意见，也增进了感情。

作为一个很多家居收纳改造成功案例的见证者，我非常负责任地说，享受收纳，一定可以提升生活的幸福感。

希望读到这里的你，会跃跃欲试，想要开始收纳整理行动。不过别急，收纳也是讲求方法和技巧的，为了事半功倍，还是先耐心读完这本书，激发你的收纳灵感吧！

在外卖文化盛行的今天，你有没有认真对待"吃"呢？
不敷衍自己的生活，就从不敷衍自己的胃开始吧！

本章介绍与"吃"有关的物品该如何收纳，包括厨房、
冰箱、餐边柜等区域的收纳技巧。

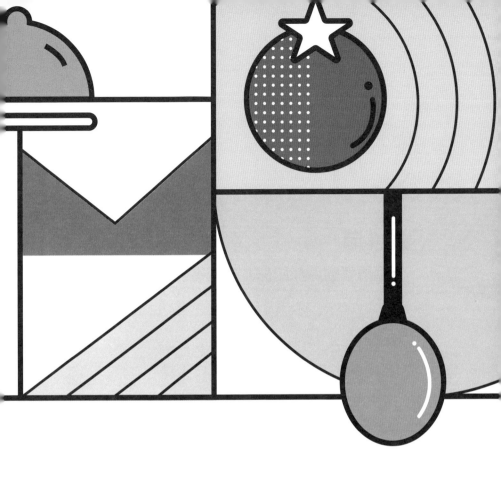

02
CHAPTER

"吃"的收纳，
让生活更有品位

第1节

无须思考的流畅厨房，你值得拥有！

"无须思考"是一种非常舒适的状态。

拿开车来举例，我之前一直开自动挡的车，开车时不需要思考如何开车，因为一切都是那么顺畅、熟练。后来有一次需要开手动挡的车，一路上我不得不全神贯注，思考车速与挡位的匹配问题。

从这个例子可以看出，当外在的条件更简单、便利的时候，人使用物品的过程中就会少很多阻力，一切行为都变得顺畅无比。反之，如果外在条件比较困难，那么在使用物品的过程中就会遇到麻烦，甚至必须经常处于"思考中"的状态。

说到厨房，当空间布局合理、物品摆放位置妥帖的时候，洗菜、切菜、炒菜一气呵成，想取用的物品就在手边，无须思考就能拿到，使用后可以轻松放回原位，这便是"无须思考"的流畅厨房。

反之，如果在厨房里忙得团团转，拿取物品要思考、询问、寻找，放回物品也不便捷，会导致厨房更加混乱，陷入一种恶性循环。

如何拥有"无须思考"的流畅厨房呢？最需要考虑的问题，就是"动线"，也就是人的活动路线。

我把动线分为"大动线"和"小动线"。大动线指的是"洗、切、炒"，确切地说，就是"准备食材→清洗食材→切菜→炒菜→上菜"的活动路线。如何检验大动线是否流畅呢？可以画一张家里的厨房平面图，然后把这些动作的行动地点标注出来，进行连线。如果行动路线乱作一团或有多处交叉，就表示"洗、切、炒"的过程中有许多不便。反之，则是流畅的大动线。

除了大动线，还有很多小动线需要关注。

1. 炒菜加水

炒菜加水是必不可少的动作，部分机智的家居爱好者会在灶台附近安装一个可折叠的水管用于加水，但这需要在装修初期就设计好净水管道。

2. 炒菜前擦锅

做饭的过程中，经常会有"擦"这个动作，如擦锅、擦手、擦铲子等。一般家庭习惯把纸巾放在水槽周围，方便擦手，但炒菜前需要擦锅的时候，还需要走到水槽附近拿纸巾。不如索性在锅盖架上方也粘贴一个放纸巾的架子，炒菜时顺手就能拿到，不用转身和移动，非常方便。

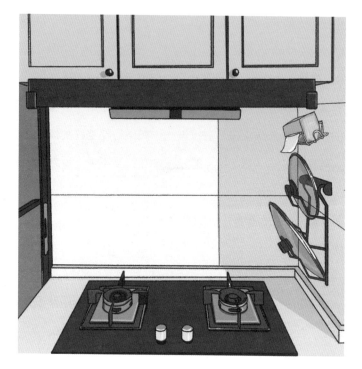

3. 取工具

厨房常用小工具的取放动线要尽可能短，最常用的工具可以选择挂在墙面上，次常用的则放在台面下方的第一层抽屉里。如果将小工具放在吊柜或最下层的抽屉里，那么动线就会变长，取用和放回的动作都会变得更加麻烦。

案例：货架摆放

如果你还是对小动线有疑问，可以看看下面的案例。

一个多层货架上放置了很多厨房小家电。由于厨房空间很小，有的家电放在台面使用，而有的家电放在地面使用。女主人之前将放在地面使用的家电摆在了货架的上层，每次使用都要往下搬运；而放在台面使用的家电则摆在了货架的下层，每次使用都要低头弯腰拿取。

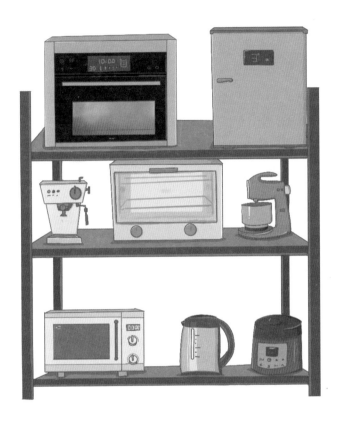

　　后来，女主人调整了家电的位置，将放在地面使用的家电摆在下层，放在台面使用的家电摆在上层。这样放在地面使用的家电不需要再往下搬运，直接在货架下层使用即可；放在台面使用的家电，也可以轻松搬运，不用弯腰、费力。

第2节
定制橱柜与收纳细节的碰撞，强！

想要拥有"无须思考"的流畅厨房，橱柜的设计非常重要。橱柜承担着重要的储物工作，且一旦做成，很难改造。

设计不合理导致橱柜使用不便的情况广泛存在。橱柜厂商的方案通常是千篇一律的模板，要想让橱柜真正好用，定制时一定要多考虑自己的实际需求。

1. 抽屉用得好，空间大扩容

在关于橱柜的抱怨声中，最多的声音是"我后悔没有多做一些抽屉"。

抽屉是非常棒的储物空间，可以根据被收纳物品的尺寸，将不同高度的抽屉组合起来，打造实用的储物空间。

高度最低的抽屉可以放小型调味品，以及一些常用的小工具，如刀叉、勺子、打蛋器、手动搅拌机、蛋黄蛋清分离器、刷子、开瓶器等。

　　中等高度的抽屉可以放保鲜袋、调味品、罐装食物、小型锅具、电器等物品。放置的时候，要注意"立式"和"分区"，不要将物品堆叠在一起。

最高的抽屉可以放沥水盆和锅具等厨具，竖立的收放方式可以让空间使用率翻倍。

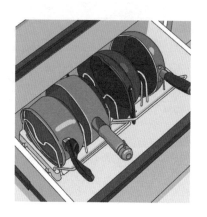

生活小妙招

(1) 抽屉的打开方式有"半拉式"和"全拉式"，有条件的话一定要选择全拉式，不然抽屉内部的物品很难拿取，久而久之就会变成堆积杂物或空置的区域，导致空间浪费。

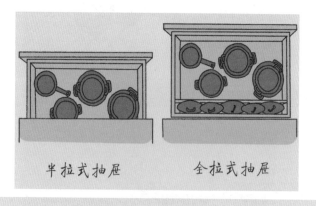

半拉式抽屉　　　　全拉式抽屉

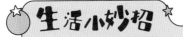

(2) 如果厨房的抽屉比较高，还可以在抽屉的上方添加一层扁扁的"内抽"，用于放置最常用的小工具，合理利用空间。

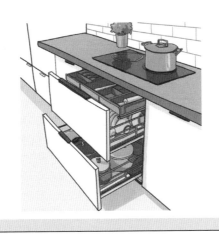

2. 安装调味品拉篮要三思

调味品拉篮是厨房中最容易出现的"难用设计"。前文中说过，考虑物品存放位置的重点是分清物品的使用频率，"常用"要对应"好用"，"不常用"要对应"空间利用率高"。

用拉篮来放置常用的调味品，有悖于人的使用习惯，非常不方便。因为做饭必备调味品种类繁多，添加的时机也不同，来来回回开关拉篮很不方便。除非调味品拉篮离灶台有一定的距离，能够一直打开，但是距离远了，也会变得不好用。

如果用拉篮来存放不常用的调味品，会使这部分空间的利用率很低。调味品拉篮的五金件多、架子多，把空间分割开，不如简单的抽屉或层板区域的存放效率高。80% 以上的调味品拉篮的最终归宿是闲置或放一些很不常用的物品。

但是，如果不将调味品放进拉篮，由此产生的环境问题确实令人头疼。

对于放置在外面的瓶瓶罐罐会产生油污的问题，科技已经帮我们解决了。现在的抽油烟机的吸力足够强劲，集成灶甚至已经达到了"炒菜闻不到香味"的水平。

拆掉调味品拉篮，安装两层抽屉拉篮，把不常用的调味品都收纳好后，还有很多剩余空间。另外，最下层的开放储物空间还可以放一个高压锅和一个砂锅，储物能力让人惊叹！

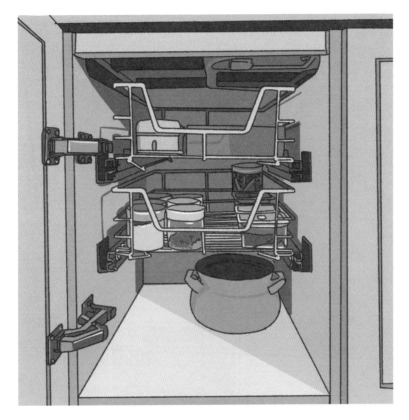

3. 用点心思，"鸡肋"空间变"鸡腿"空间

（1）鸡肋空间一 ——窄柜

设计橱柜的时候通常会遇到这样的情况，就是不得不做一个瘦长的柜子。这种情况下该如何充分利用空间呢？

第一种方法是在柜门中间安装一块垂直于柜门的"洞洞板"，其两侧都可以挂东西。要知道，"挂起来"是最方便拿取的收纳方式。

　　第二种方法就是在柜子中塞一个固定的大件物品，如净水机。但是，这种方法对柜子的尺寸有一定的要求，需要在定制橱柜前把想要放置的大件物品的尺寸测量好。

（2）鸡肋空间二——烟道旁边的空间

第二个鸡肋空间就是烟道旁边的空间。这个空间一般位于转角处，往往因为烟道的存在，而被大家忽略其置物能力。实际上，设计一组薄薄的橱柜，不但能补足空间的缺角，还有利于储物！

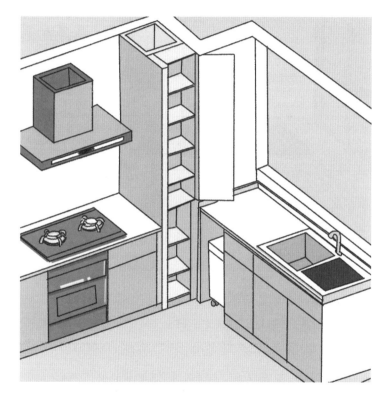

烟道离灶台不远，利用旁边的空间做一组薄薄的橱柜，集中存放做饭时会用到的调味品，使用起来非常方便。

当然，如果你家没做这样的柜子，也不要遗憾，可以添置一组置物架收纳调味品。

（3）鸡肋空间三——夹缝

第三个鸡肋空间就是各种夹缝。由于夹缝的空间狭小，储物能力几乎为零，就成了我们口中的"鸡肋空间"。看到这种缝隙，人们总想塞一些纸袋和塑料袋，久而久之，夹缝就成了杂物堆积处，严重影响美观。夹缝柜可以帮助我们合理利用夹缝区域。夹缝柜有两种样式，一种是开放式，一种是抽屉式，抽屉式更加好用。

4. 收纳界的 Cinderella Fit

Cinderella Fit 指的是"像灰姑娘的水晶鞋一样尺寸刚刚好"。"尺寸刚刚好"不仅是强迫症的福音，也是大多数人希望看到的状态。收纳时多留心，就可以打造出这种 Cinderella Fit，让每一寸空间都"刚刚好"。

橱柜定制少不了台面定制，台面究竟多高才会让人使用时非常舒服呢？如果一个厨房里的台面全部采用同样的高度，可能会出现洗菜、切菜时不得不弯着腰，炒菜时则需要架着胳膊的情况，长时间下来，很容易损伤身体。

如何解决这一问题呢？不如将洗菜、切菜区台面升高 5 厘米，炒菜区台面降低 5 厘米。经过小小的调整，可以让台面的尺寸更加符合人的需求。

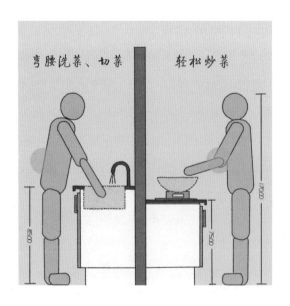

温馨小提示

　　高低台面有高度落差，不如一整块台面容易清洁。如果厨房空间不够大，高低台面也会减少操作空间，因此每个家庭需要酌情设计。

　　最能体现 Cinderella Fit 的就是橱柜内部的收纳工具了。日本的 like-it 品牌很喜欢生产直角的收纳工具，这种设计能更有效地利用空间。

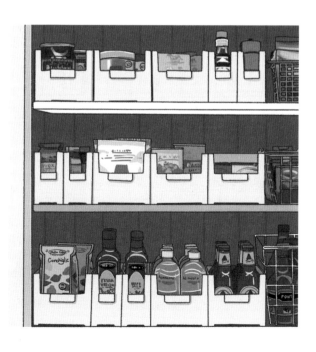

　　要想获得这种 Cinderella Fit 的体验，定制橱柜时，就需要多做功课，做到对收纳工具的尺寸心中有数。另外，要想将这些收纳工具妥帖地放入橱柜中，还有一个不能忽视的小细节，就是橱柜门铰链的安装位置。

　　下图清晰地展现了铰链安装位置对收纳的影响。图中上层和下层空间的大小是一样的，原本预留的区域都可以放置四个收纳盒，然而下层却只能放置三个收纳盒，原因就是下层的铰链安装位置比较靠下，占用了放置收纳盒的空间。如果在安装橱柜时稍微注意一下，就可以规避类似的问题了。

5. 收纳的秘密武器

空间不足是相对的概念，一般说空间不足，指的是"好用的空间不够了"。例如，吊柜由于难以取放物品，常年处于"闲置"或"存放不常用物品"的状态，甚至有些家里的吊柜中乱作一团，住户自己也不清楚里面究竟有什么。

这一切问题的根源就是"吊柜空间不好用"，此外还有橱柜的转角空间也是难用的区域。针对这种区域，就需要使用一些"秘密武器"来进行收纳。

液压升降装置可以让原本"鸡肋"的吊柜空间变成伸手可及的"最佳位置"，进而成为好用的储物空间，其利用率和便捷性都会大大提升。

转盘、飞碟、小怪物拉篮能把转角处的"鸡肋"空间变成置物宝地，用于存放锅具等物品。这些工具的好用程度是依次递增的，当然价格也越来越高，大家可以酌情选择。

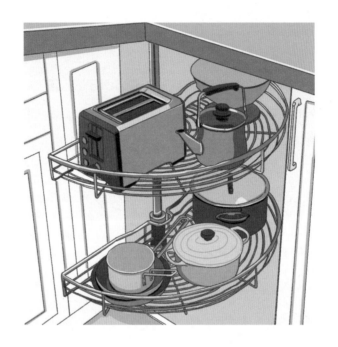

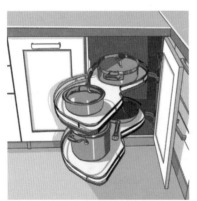

　　这些"秘密武器"的原理很简单，就是把原本够不到、不方便取放的位置，变成方便的、好取放的位置，也就是利用这些装置合理地规划空间，使空间的使用率最大化。

　　这些"秘密武器"的安装时机一般是装修橱柜阶段。另外，"秘密武器"的价格不菲。考虑到时机问题和经济问题，可以选择更加实惠和方便的工具！

　　针对吊柜，可以使用带手柄的密封收纳盒，方便拿取高处的物品。

　　针对转角处，可以利用有滑轮的收纳筐，创造一个能抽拉的储物功能区。

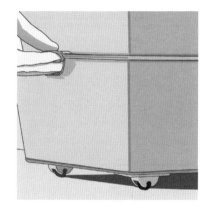

♥温馨小提示♥

　　任何时候，办法总比困难多！任何空间，只要认真规划和设计，都能发挥它最大的价值。

第 3 节

收纳做得好，全家抢着来做饭

对喜欢做饭的人来说，在一个动线流畅、规划合理的厨房里做饭，简直是一种享受！一餐一饭，都由自己和家人亲自打理，是一种浪漫的生活方式。

每每想到和家人一起在厨房里忙碌的场景，我的心里都会涌起温暖的感觉。如果每个家人都能很方便地使用厨房中的物品，自然就愿意下厨啦！

厨房收纳的方法千千万，总结下来，有四个方法最重要，分别是：分区收纳、墙面收纳、立式收纳、分层收纳。下面就来一一介绍这些收纳方法。

1. 清晰明确的分区才是收纳的灵魂

我在第一章中反复强调，每个物品都要有一个自己的"家"，跟"吃"相关的收纳同样如此。物品的"家"所在的位置，我们姑且称作"小区"，下面就来讲讲"小区的规划"——分区收纳。

分区究竟如何规划才合理呢？跟"吃"有关的物品，可以分为下图所示的几类，分区也要围绕这些物品类别来进行规划。

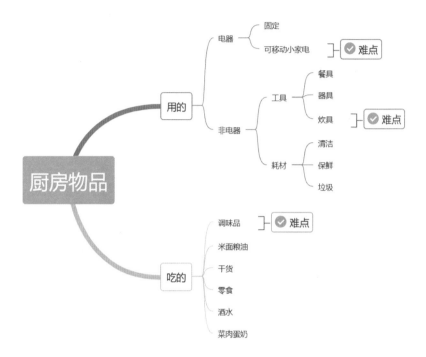

分区收纳的第一个注意事项是，同一区域要摆放同类或相关物品。大家可以看看自己的家，是不是按照这个原则来规划分区的呢？据我观察，很多人家存在"物品混放"的情况，同一个区域，放置了类型不同甚至完全不相关的物品，如五香粉、手套、面条、插排、湿巾、保鲜袋等物品胡乱堆放在一个抽屉里，分区混乱。

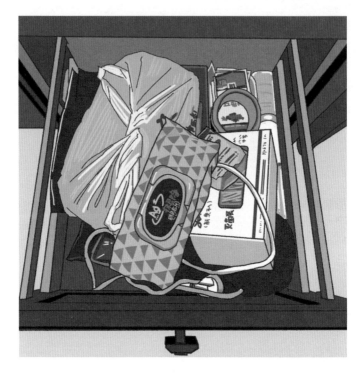

分区收纳的第二个注意事项是，同类物品不要全部集中放在一个区域。读者可能会有些疑惑，刚刚说同一区域摆放同类或相关物品，为何现在又说"不要全部集中放在一个区域"？

当考虑到"使用频率"这个维度的时候，物品的性质就会发生很大的变化。例如，调味品有日常使用的盐、酱油、醋，也有全新的、未拆包装的囤货。当给调味品加上定语后，如日常使用的调味品、囤货的调味品，就是截然不同的物品，因为它们的使用场景和使用频率完全不同，所以不能混放在同一区域。

很多人学习了一点收纳知识后，会把同类物品一股脑儿地集中存放，结果就是同时拆开了好几个规格完全相同的物品，无论是使用中的物品还是囤货的物品，都混杂在一起。

做区域规划时，一定要把"同一区域摆放同类或相关物品"和"同类物品不要全部集中放在一个区域"弄明白！

虽然我家的厨房不大，但是由于规划合理，使用起来非常顺手。

以最难收纳的调味品为例，墙面收纳区摆放的是每天都要用到的调味品，也就是"高频调味品"。

地柜的拉篮里，摆放的是做"硬菜"时才需要的调味品，如十三香、香叶、茴香等，属于"中频调味品"。

顶部吊柜中，摆放的是囤货物品，以备及时补充用完的调味品，属于"低频调味品"。

一起来练习

　　结合第 1 节的"动线"知识，以及本段关于"分区收纳"的讲解，试着整理自己家的厨房小家电或厨房工具，检查一下自己是否学会了"分区收纳"。

2. 扩容全靠这一招——墙面收纳

　　有效利用墙面空间，是空间扩容的制胜法宝。利用墙面收纳，可以有效释放台面的空间。对小户型住户或喜欢台面宽敞、整洁的人来说，墙面收纳是非常棒的收纳方法。墙面收纳有多种形式，主要可以归纳为以下三类。

　　（1）第一类是洞洞板收纳，其优势是自由、灵活，可以根据被悬挂物品来自由选择挂钩的位置。有的商家别出心裁，设计的洞洞板除了搭配挂钩，还会搭配层板等配件，全方位满足置物需求。洞洞板有多种尺寸，材质有木材、金属、塑料等，可以根据自己的喜好来选择。

一起来练习+

　　除了收纳厨房物品，洞洞板还可以收纳清洁物品、工具、办公用品、花卉绿植、装饰物等。快发挥你的创意，把物品收纳在洞洞板上吧！

　　（2）第二类是层板收纳。在墙面上安装层板，可以摆放很多物品。除了可以将物品放置在层板上，还可以在层板下悬挂杯子等物品。这样收纳的优点是一目了然，所有的物品尽收眼底，取用和放回的动作非常简便。层板收纳甚至还兼具"展示"的功能，看着自己精挑细选的物品被一件件摆在层板上，也是平凡生活中的一束光。

温馨小提示

　　层板收纳其实是一种比较有争议的收纳方式，因为它无法避免遇到"油烟、清洁"问题。如果采用层板收纳，建议选用大吸力油烟机或集成灶，并定期打扫。另外，有人觉得层板收纳非常有生活气息，有人却觉得东西都摆放在外面会显得凌乱，因此，在采用这种收纳方法之前，要先了解自己的喜好哦。

（3）第三类是墙面收纳。在墙面上固定一些挂杆、挂架、锅盖架、调味品架等，用于收纳物品。这一类收纳方式适用范围广泛，使用灵活，可以根据自己的需求任意选择工具。

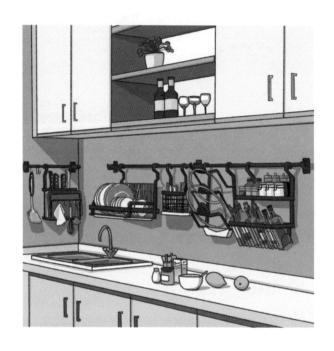

♥温馨小提示♥

本节分别介绍了不同的墙面收纳方式，实际上，很多品牌会提供"一整套解决方案"，建议大家根据自己的需求，选择整套解决方案，或选择一个品类齐全的店铺，一次性配齐自己所需的产品。即使无法在一个店铺中选购齐全，也要注意选择相同的材质和颜色。

生活小妙招

（1）工具收纳：工具收纳的一种方法是用一个长挂杆，横向排列悬挂各种铲子、炒勺等工具；另一种方法是集中悬挂收纳，这种方法的优点是不需要占据太多的墙面空间，适用于小空间收纳，悬挂区是可以旋转的，拿取物品非常方便。

（2）调味品收纳：调味品的墙面收纳方法有很多，一种方法是在墙面上粘贴带有斜角的置物架，取用物品非常方便。还可以做一面"调味品墙"，用来存放盒装调味品。

（3）刀具收纳：刀具的墙面收纳方法主要有两种，一种是在墙面上粘贴吸铁石，然后将刀具全部吸附在吸铁石上；另一种是将刀具直接悬挂在墙面上，更加安全。

（4）锅盖、菜板收纳：锅盖和菜板这种占用空间大的物品，推荐挂在墙面上进行收纳。

（5）纸巾收纳：厨房纸巾和懒人抹布的收纳，我最推荐的方法就是像右图中这样将它们倾斜地悬挂起来。

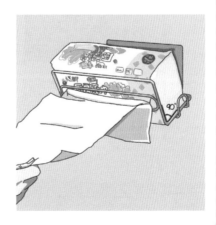

3. 立起来，省时省力超方便

竖立式收纳有着堆叠式收纳无可比拟的优势，即节省时间、取物方便。除了常规的借助碗碟架把碗、盘竖立起来，还有非常多竖立式收纳的方法。

（1）巧用伸缩棒

利用伸缩棒把空间竖直分割，可以收纳菜板、烤盘等物品。这个方法的优势是操作便捷、改造成本小、灵活度高，改造后效果显著。如果家里又薄又大的物品比较多，也有合适的可改造空间，不妨试试这种方法。

（2）借助文件筐

文件筐也可以出现在厨房哦！文件筐的宽度和形状非常适合收纳小型锅具。

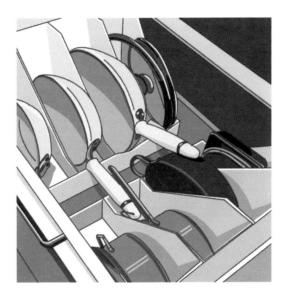

文件筐的延伸产品是斜角收纳抽拉盒，该产品相当于把文件筐拆解分割为几个单独的储物单元，其优点是可以方便地将储物单元抽拉出来，放置在橱柜内部使用更加便捷。

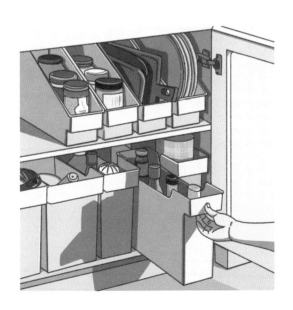

（3）可调节的收纳工具

在借助收纳工具实现"竖立式收纳"的过程中，"灵活度"是个非常加分的指标。个人非常推荐可调节的置物架，因为它的竖立空间的宽度可以调整，方便摆放各种尺寸的物品。

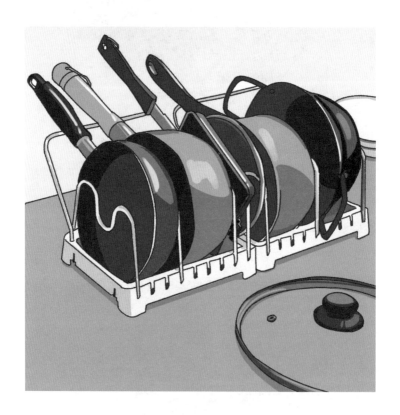

4. 这样做，会拥有层层分明的储物空间

如果说竖立式收纳是一种纵向的空间分割（左右分区），那么分层收纳就是横向的空间分割（上下分区），同样是增加空间利用率的秘诀！

（1）水槽下方别错过

水槽下方空间巨大，但是其形状不规则，管道、线路众多，有时还会有净水器、垃圾处理器等设备，因此容易成为被忽视的区域，常常会被用于潦草地堆积一些杂物。实际上，巧妙利用收纳工具，把水槽下方的区域分层，可以使其收纳力大增。

我推荐使用可调节的水槽置物架，这种置物架的优点是安装灵活，可以避开管道的阻碍。这种置物架的宽度和高度都可以自由调节，适用范围非常广泛。

另外，还可以用伸缩板来实现区域分层，同样能够避开管道。

一起来练习+

除了厨房水槽下方，卫生间、阳台的水槽下方也可以采用这种分层收纳的方式。快试试动手改造自己家水槽下方的区域吧！卫生间水槽收纳效果如右图所示。

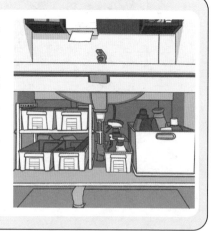

（2）分层工具巧利用

分层架的应用范围十分广泛。分层架的材质有金属、塑料、亚克力等，一般金属分层架适用于放置锅具、杂粮等比较重的物品，塑料分层架适用于放置杯子、碗碟等物品，亚克力分层架可以放置在冰箱内使用。

生活小妙招

在选购分层架时，要根据被收纳物品的尺寸、重量及空间的大小，合理选择合适的分层架。可调节宽度、可调节高度、可抽拉，都是分层架的加分项！

（3）人为添加新分层

除了摆放分层架，还有一种收纳方式是"无中生有"。我们可以人为地在吊柜下方增加一个新的分层，实现物品的收纳。

♥温馨小提示♥

　　上图中的这种增加挂架的方式，更适合"开放无门"的吊柜，如果是有门的吊柜，这种收纳方式可能会导致柜门关不上，影响美观。

　　还有一种方法是直接把挂架钉在吊柜的底部。特别提醒，这种方法需要打孔，会对橱柜造成不可逆转的破坏，因此一定要考虑清楚自己的真实需要，并注意选择合适的尺寸。

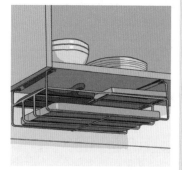

第 4 节
清爽的餐桌，是全家和谐的润滑剂

松浦弥太郎说："家庭是最基本的人际关系，无论发生什么事，我都把每晚 7 点全家人聚在一起吃饭的习惯视若珍宝。这比我的工作、爱好、社交都更重要。"

无论是对独居的人来说，还是对一家人来说，餐桌都不仅仅是吃饭的地方，更是消除一天的疲惫、享受生活的地方；是可以放下一切不开心，专心享受美食的地方；是一家人围坐在一起，说说笑笑，温暖彼此的地方。

餐桌环境的好坏，和使用者有着非常密切的关系。

人很容易被周围的人和环境影响而不自知。比如一个地方有了一件垃圾，很快这里就会有一堆垃圾。反之，当我们进入一个环境很好的五星级酒店的时候，也会不自觉地注意维护整洁的环境。如果家里的餐桌上有了一小块混乱的区域，放任不管的话，很快整个餐桌都会变得非常乱。而如果使用者能保持良好的收纳和卫生习惯，餐桌就可以一直整整齐齐，为家人提供一个舒适、温暖的就餐环境。

不知你有没有计算过你家的"餐桌覆盖率"（来自逯薇的《小家，

越住越大 2》）。这个比率是用餐桌上的物品所占面积除以餐桌总面积算出来的。

计算餐桌覆盖率的方法很简单，还记得第一章中介绍的"摄影师法则"吗？不要用肉眼去观察，而是随手拍一张餐桌俯视图，根据照片来计算餐桌覆盖率。可以选择在一个工作日的晚上回到家后，第一时间随手拍摄，保证拍到的是餐桌最自然的状态，不要刻意收拾，也不要摆拍。

如果餐桌覆盖率为 20%，看起来会"有点小乱"，而大部分家庭的餐桌覆盖率竟然达到了惊人的 50%，看着乱糟糟的餐桌，就餐的心情也会大打折扣！

很多家庭的餐椅、餐桌离入户门比较近，人们回家后可能一进门就随手把外套挂在餐椅上，久而久之，餐椅上会堆积很多衣服。

收纳餐桌时，以"只放一束鲜花"为目标，即使无法达到这样的标准，只要保证餐桌上的物品分类明确，最终效果也不会太差！

1. 分类是解决问题的第一步

想要拥有一个干净整洁的餐桌，对餐桌上的物品进行分类尤为关键。弄清楚物品的分类，然后逐个击破，就可以拥有一个整洁的餐桌啦！

餐桌上的物品主要分为三大类，分别是吃的、喝的、用的。

吃的：饭菜、调味品、水果、零食、保健品等。

喝的：奶粉、茶、咖啡、饮料、奶制品等。

用的：抽纸、湿巾、微波炉、消毒柜、隔热垫、杯垫、清洁喷雾、抹布等。

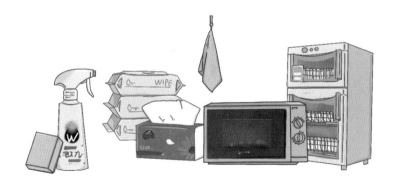

需要注意的是，每一大类涵盖的物品种类都非常多！比如调味品，家庭成员越多，调味品的种类也越多样化——老干妈、黄豆酱、香菇酱、辣酱、甜酱、果酱、沙拉酱、胡椒粉、孜然粉……各种佐餐调味品数不胜数！

另外，一种物品还会衍生出很多相关物品。比如茶叶会衍生出茶杯、茶具、杯垫等一系列物品。

在所有的餐桌收纳问题中，最可怕的就是"跟餐桌无关的物品"的堆积。比如宝宝的玩具、没拆的快递、用完随手摆放的工具、眼镜盒、说明书等，各式各样的物品都有可能出现在餐桌上，这是由餐桌的"便利"属性造成的。餐桌的高度一般在 80 厘米左右，抬手就能摆放物品，并且餐桌的位置一般离入户门比较近，导致很多人一进家门就随手把物品摆放在餐桌上。

如果每件物品都有一个顺手可放回的"家"，就不会挤占餐桌上的空间啦！

2. 餐桌物品乾坤大挪移

餐桌上的物品如此混乱，究竟该如何整理呢？

首先来看关于"吃"的收纳。剩饭剩菜尽量扔掉吧！不要觉得这样做是收纳师在偷懒哦。世界卫生组织提出了"食品安全五大要点"，其中第四点建议：熟食在室温下不得存放 2 小时以上，应及时冷藏（最好在 5℃以下），不要在冰箱里存放过久，剩饭剩菜加热的次数不要超过 1 次。

另外，如果剩下的绿叶菜直接在室温下过了夜，就不要再吃了。因为在室温下，剩菜中的微生物会大量繁殖，过量的微生物还会把硝酸盐转化为亚硝酸盐。不得不说，一次性做好很多饭菜，然后顿顿吃剩菜这种生活习惯真的很不健康。

　　有一个比较夸张的例子，如果有一箱苹果，其中有一个苹果腐烂了，是该先吃好苹果还是先吃坏苹果呢？如果先吃坏苹果，那么可能今后的每一天，都有苹果在腐烂，每次都要吃掉最不新鲜的那一个坏苹果。如果一开始就扔掉那个坏苹果，那么每次就都可以吃到好苹果了。这个例子或许有些简单，但却可以引人思考——我们究竟要不要死死盯住那个坏苹果呢？扔掉坏苹果看似浪费，却换回了吃一箱好苹果的幸福感。

　　其实避免剩饭剩菜的有效办法就是少做。预估好家人的饭量，少做一些饭菜，每顿都可以享受"光盘"的乐趣。如果有一些不得不保留的剩菜，可以密封保存在玻璃饭盒中，放进冰箱，等到下次吃的时候拿出来在蒸箱或微波炉中加热。

一起来练习+

　　试试看，能不能做出一餐不多不少、正好够一家人吃的美食呢？

　　除了剩饭剩菜，其余物品该如何收纳呢？这里介绍两个原则，第一个是"集中收纳"，第二个是"动线合理"。

　　以调味品为例，中式佐餐调料老干妈、西餐必备的黑胡椒、烧烤爱好者的孜然粉，还有几乎每家每户都会有的榨菜、甜面酱、番茄酱……不算不知道，一算吓一跳！你家的餐桌，是不是也被这些东西霸占了呢？

　　先来看看集中收纳的威力。用一个长条形的抽拉盒，就能搞定所有调味品。每次吃饭时，只需要从冰箱里拿出抽拉盒，端上餐桌，就能备齐一家人需要的各种调味品，非常方便。

同样，零食、水果、保健品等也需要集中存放。至于它们的存放位置，就要根据第二个原则"动线合理"来安排了。例如，把水果集中收纳在一个靠近厨房的移动小推车里，位置离厨房和餐桌都非常近，无论是洗水果还是吃水果，都非常方便。

保健品可以存放在饮水机下方的抽屉里或放水杯的架子上，这样喝水的时候就能看到它们，方便及时食用。

一起来练习+

这些调味品、水果、保健品的收纳方法，对你有没有启发？来试试收纳零食吧！记得遵循"集中收纳"和"动线合理"的原则哦！

最后要讲的是餐桌上"用"的收纳。抽纸是餐桌上必不可少的物品，如何摆放抽纸曾经是我的一个痛点，因为抽纸用到最后几张的时候，包装袋难免会跟着纸巾一起被拿起来。

对于这个问题有两种解决方法。第一种方法是购买一个有一定重量的抽纸盒，既能起到装饰作用，又可以防止出现上述情况，尤其推荐一种两边设计为"风琴式"的纸巾盒，这种纸巾盒的高度可以随着剩余抽纸数量减少而下降，设计非常巧妙。

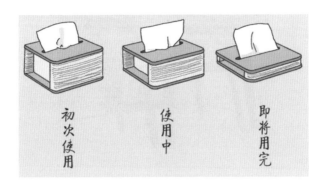

这种"风琴式"设计的纸巾盒来自"十八纸"品牌，该品牌还生产一种收放自如的纸凳子，不用时可以折叠收起来，同一个本子一般大小，使用时打开即可，特别适合作为会客的临时凳子。

第二种方法就是将抽纸盒粘贴在餐桌的下方，每次抽纸都是向下抽取，即使抽到最后，也不会有任何的不便。这样既解放了桌面空间，又把抽纸的位置固定下来了，吃饭时在桌子下面抽取纸巾异常方便。

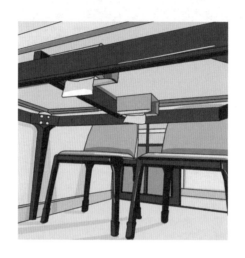

温馨小提示

（1）建议将抽纸盒粘贴在桌子边缘而非中间。

（2）长方形餐桌的两边都要粘贴抽纸盒。

（3）不要选择侧开口式的抽纸盒，纸巾容易从侧面掉落，侧面有"门"的款式更加实用。

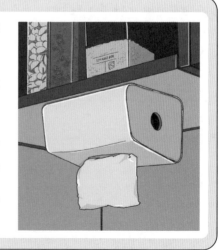

如果为了方便，想把小件物品都放在餐桌上，那么一定要准备一个收纳筐，把物品集中起来。也可以选择在餐桌边的墙面上安装简单的层板置物架，摆放和悬挂常用小工具，这样虽然会牺牲挂装饰画的空间，但是更加有生活气息。

大件物品相对难处理一些，比如微波炉。从动线上来讲，微波炉是可以放在餐桌上的，食物从冰箱中拿出后，在微波炉里加热，热好后直接端上餐桌，非常方便。但是微波炉除了自身占用的空间，还需要额外的空间，以保证顺利开门，因此对餐桌的占用度是很高的。如果是单人居住或两口之家，这样摆放是可以的；如果餐桌较小，或是多人使用餐桌，则尽量不要这样摆放，可以用支架把微波炉放置在厨房的墙面上。

☆ 生活小妙招 ☆

说到微波炉的替代品，建议有条件的家庭选购嵌入式蒸箱。其实嵌入式家电并非大厨房专属，甚至对小厨房来说，更加有必要配备。蒸箱除了可以替代传统的大蒸锅外，还能替代微波炉，是集多种功能于一体的、使用频率非常高的家电。

3. 餐桌装饰必不可少

因为我把抽纸盒粘贴在了餐桌下方，所以曾经有一段时间，我家的餐桌上空无一物，这种清爽的感觉让我开心了一段时间。然而时间久了，这种清爽的桌面又显得略为平淡。

如同长发想剪短，短发想留长一样，我又开始"折腾"餐桌了。

其实只需要小小的点缀，就可以让餐桌给人的感觉大不相同。我比较推荐的装饰物有鲜花、音响、摆件、画、蜡烛、扩香机。还可以在节日时，为餐桌搭配不同主题的装饰，为平凡的日子增加一些乐趣。当你有了装扮餐桌的兴趣之后，会发现这里慢慢变成了一个美好物品的集合地，再也不会乱作一团了！

除了常换常新的餐桌装饰物，我的餐桌上方还有两幅画，其中一幅我一直没有换，它的内容非常简单，就是白纸上写了一句"enjoy the little things"——享受生活中的小事。生活中我们都需要有这种"enjoy"的感觉。

🖊 一起来练习⁺

根据现在的季节和你的心情，对餐桌进行一次主题布置吧！前提是把餐桌收纳整齐哦！

第5节

打造万能的餐边柜？简单！

如果按照款式来划分，餐边柜主要有三种类型，分别是地柜、地柜＋层板置物架、"顶天立地"一体柜。个人最推荐的是"顶天立地"一体柜，因为它的储物力最强。

如果按照功能区来划分，餐边柜的功能区主要可以分为饮水区、食物区、储物区。

1. 饮水区

使用小型桌面饮水机或管线机代替传统饮水机，不仅能节省大把空间，还能更加便捷地喝到健康的水。此外，还要考虑和饮水相关的动作，比如水杯、茶叶、茶具、保健品的取放。水杯可以悬挂在储物柜的层板上，茶叶可以放置在台面下方的抽屉里。这里要再强调一下，抽屉比柜子好用得多，可抽拉的设计会让储物、取物更加方便。

2. 食物区

原本摆放在餐桌上的食物，如果有适合在常温状态下保存的，可以放进餐边柜。另外，餐边柜还是我家的"零食聚集地"，里面的空间用收纳盒来分区，并将零食分门别类地存放——有些东西是给成人吃的，有些东西是给儿童吃的。定好位置后，我家不到两岁的小朋友也可以自己找到吃的。

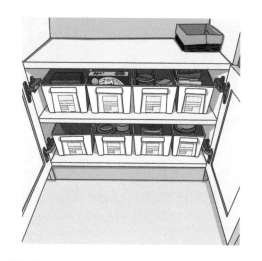

保健品可以放置在水杯所在的层板上，拿取更加顺手。

3. 储物区

小家电也可以存放在餐边柜中，如咖啡机、豆浆机、茶水机等饮品相关小家电，或不太常用的厨房小家电。

我把三明治机放在了餐边柜中，因为它的使用频率不高，所以没有放置在"寸土寸金"的橱柜里。

餐边柜的储物区中可以灵活放置自己需要存放的物品。如果是餐具控、杯子控，可以将餐边柜的中层和下层区域用来存放这些美好的器具，毕竟易碎品放在高处不安全。同样，电器、锅具等比较重的物品放在上层也不安全，需要存放在下层。

如果囤积了一些不重、不易碎的物品，可以存放在餐边柜的上层区域。例如，我家餐边柜的上层存放的就是抽纸，抽纸消耗得快，将这里作为一个抽纸小仓库，很方便补给。

餐边柜有一个"最难用"的区域，那就是冰箱上方的吊柜。我为了视觉上整齐划一而补齐了这里的柜子，但发现它储物非常不方便，现在是我家存放无用之物的地方，比如各种收纳盒的盖子。

♡温馨小提示♡

很多收纳盒是有盖子的，但我更习惯用开放式的收纳盒储物，因此就闲置了不少盖子，这是我无法断舍离的物品，因为不确定以后改变收纳布局时，会不会用到这些盖子。这些盖子可以集中存放在吊柜里。

总之，餐边柜的设计原则是，把最佳位置留给使用频率高的物品，如水、茶、零食；把一般区域留给相关物品，如抽纸、不常用小家电；把鸡肋区域留给使用频率低的物品。

4. 餐边柜的设计之坑

（1）红酒格

很多人喜欢在餐边柜里设计摆放红酒的格子，不建议将红酒格做成网状，这种设计比较浪费空间，利用率不高。建议选择横平竖直的红酒格。

生活小妙招

右图中这种红酒置物架，即使空间狭窄，也可以储存多瓶红酒，和空间融合感更好。

（2）无抽屉可用

餐边柜的台面下方做一层薄薄的抽屉，存放茶叶、小工具等，用起来会非常方便。如果一层抽屉也没有，就失去了"随手取物"的便利。

（3）插座位置不合理

插座的位置要在定制餐边柜时就设计好。一般来说，如果餐边柜的台面高 80 厘米，那么插座安排在高于台面 20 厘米处较为合适。另外要注意的是，如果想要在餐边柜上使用多种小家电，记得要安装足够多的插座，或使用壁挂式轨道插座。

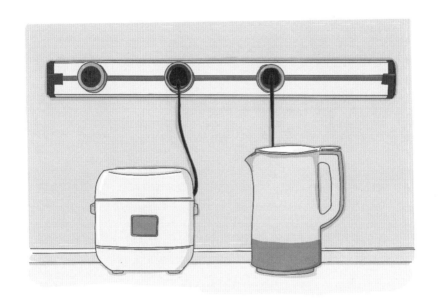

（4）层高随意

设计餐边柜最忌随意设置层高，如均分每层的层高。实际上，由于每层存放的物品不同，应该设置不同的层高。

最适合放杯子的那一层，层高应该为 25 厘米左右，方便拿取杯子，也不会占据太大空间。如果要摆放饮水机，层高要设置为 60 厘米左右。

（5）储物空间太低

如果有条件，可以设置一个层高超过 50 厘米的储物空间，为大件物品预留好存放位置。

有一次我去朋友家玩，她家很大，餐边柜也非常大，是我喜欢的"顶天立地"一体柜，但是她将餐边柜每层的高度都设置为 42 厘米，从上到下一共有 5 层。当有一个高度为 45 厘米的礼盒需要存放时，就不得不"平躺"在柜子里。

第6节
"食物观"不同的两代人，如何收纳冰箱

在日常生活中，我发现不同的两代人，对待食物的态度明显不同。不少长辈经历过粮食短缺的年代，对食物格外珍惜，也喜欢囤积食物，即使是剩饭剩菜，也不舍得丢弃。

而我们这一代人追求生活品质，有的人吃饭讲究营养均衡，有的人为了健身减脂，追求"少而精"的饮食方式，会考量食物的 GI 值（血糖生成指数）、热量、新鲜度、丰富性等。

一个厌恶浪费的人的冰箱里可能放满了各种各样的剩饭剩菜，舍不得丢掉。但是冰箱并不是"万能保险箱"，存放在冰箱里的食物也会发霉变质。如果放任食材堆积，就会滋生细菌、散发异味，严重影响全家人的身体健康。爱惜粮食虽然是一种美德，但也要爱惜身体啊！

那么是不是"食物观"不同的两代人共同使用冰箱，就一定会闹矛盾呢？别忘了本书的开头讲过，收纳的原则之一是"以人为本"，这里的"人"，不仅包括自己，也包括家人。只要注重收纳的方法，就不会因为冰箱收纳的分歧而产生家庭矛盾。

本节讲一讲冰箱收纳的具体方法。

1. 冷藏区，让物品流通起来

先来看看冷藏区的收纳方法与技巧。

（1）冷藏区的合理分区

冷藏区会被频繁打开，放在这个区域的物品一定要"流通起来"，而不是"躺在角落睡大觉"。让物品流通起来的前提是规划好物品分区，给每个物品找一个合适的"家"。

首先是冰箱门区域，由于冰箱门频繁开关，这个区域的温度最不稳定，因此，冰箱门区域不要放置奶制品、鸡蛋等容易变质的食物，可以放置饮料、罐装食品等保质期相对较长的食物。另外，开门的过程中会产生一定的晃动，这也是鸡蛋不适合存放在冰箱门区域的原因。

冷气是自上而下流动的，因此冰箱冷藏区底部的温度相对最低、最稳定。

冷藏区上层的温度相对较高且不稳定，可以放置奶酪、密封包装的食物、调味品等不容易变质的食物。

中间层是视线的"最佳位置"，拿取物品也最方便，可以放置最常用的食材及必须及时吃掉的食物，如鸡蛋、面条、已开封的调味品、剩饭剩菜等。

下层温度相对较低，可以放置肉、豆腐、海鲜类产品。

最下面的抽屉是整个冷藏区湿度最高的位置，是存放水果、蔬菜的绝佳场所。

温馨小提示

在将食材放进冰箱的冷藏区之前，应先调节好冷藏区的温度，建议不要高于 5 摄氏度哦！有研究表明，如果冰箱冷藏区的温度高于 5 摄氏度，细菌就会大量繁殖。另外，冰箱不同区域的温度不同，收纳时需要考虑这一点。

另外，并不是所有食物都适合放进冰箱。

热带水果，如香蕉、芒果、木瓜等，放进冰箱会被"冻伤"，果皮会起斑点或变成黑褐色，破坏水果品质。

柑橘、橙子放在冰箱里容易变苦，影响口感，不如放在冰箱外的通风、阴凉处。

大蒜、洋葱、土豆等根茎类蔬菜容易在水汽的作用下发芽，如果冰箱内比较潮湿，则不适合存放这类食物。建议把这些根茎类蔬菜放在冰箱外的通风、干燥处保存，推荐使用小推车存放。

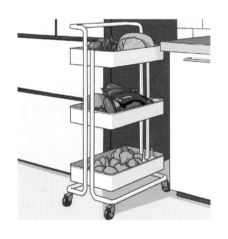

（2）真正好用的收纳工具

讲完冰箱的分区后，下面就是真正的实操环节了。究竟怎样把食物放进冰箱，才能算是"收纳恰当"呢？

首先要摆脱"冰箱越满越好"的执念，要空出至少 20% 的空间！冰箱如果塞太满，会影响空气流通，还容易导致冰箱负担过重，甚至出现结霜的现象。想要在 80% 的空间里高效存放食物，就必须借助一些收纳工具。

收纳工具多种多样，其实可以分为四种类型，那就是盒、罐、袋、钩。

①盒类收纳

收纳盒分为两种，一种是封闭式，一种是开放式。适合放在封闭收纳盒里的食物有鸡蛋、面条、生鲜、豆腐、剩饭剩菜。

鸡蛋表面带有细菌，不适合直接存放，放在密闭的收纳盒里更加干净卫生。

生活小妙招

为了提高空间利用率，很多人会购买"分层盒"收纳鸡蛋，但是这种盒子拿取下层的鸡蛋很不方便。推荐使用抽屉式密封盒存放鸡蛋。另外，将鸡蛋的小头朝下，保存时间更久哦！

面条容易吸收冰箱里的潮气，也不适合直接存放，可以放进专门存放面条的盒子里。

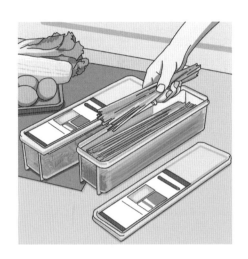

生鲜、豆腐之类的食物，都会带有汁水，如果直接存放，不但容易把汁水洒到冰箱层板上，还会增加冰箱里的湿度，因此最好将它们放在密封盒里再放入冰箱。我用过好几种密封盒，带把手的款式用起来最方便。

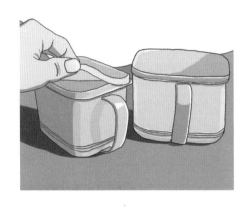

如果偶尔需要存放剩饭剩菜，建议保存在玻璃饭盒里，等到要吃的时候，直接放进蒸箱或微波炉里加热非常方便。

冰箱的进深一般都很深，徒手取物很不方便，且容易触碰到周围的物品。开放式收纳盒可以作为"托盘"使用，这种收纳盒可以在冰箱里抽拉，方便取放冰箱深处的食材。根据开放式收纳盒宽窄的不同，可以分门别类地放置不同的物品：最窄的可以放置窄小的瓶瓶罐罐；稍宽一点的，可以放置盒装酱料等；再宽一些的，就可以专门存放面包、主食；最宽的则可以存放蔬菜。

②罐类收纳

密封罐可以放在冰箱的门上，用来存放冲调饮品，香菇、木耳等食材，还可以存放虾皮、海米、瑶柱等海鲜干货。

③袋类收纳

密封保鲜袋和牛皮纸袋是冰箱收纳的利器。密封保鲜袋的常规款式是双条密封式，其实有一种比双条密封式更加好用的密封保鲜袋，那就是拉链密封式。拉链密封式保鲜袋在密封时更加方便。

牛皮纸袋有一定的吸收潮气的作用，而且很多品牌的购物袋就是牛皮纸袋，可以二次利用。只需要把牛皮纸购物袋的边缘折叠、裁剪，就可以做出一个合适的牛皮纸收纳袋了。

生活小妙招

（1）密封保鲜袋里放入食材后，在密封之前留一个小口，尽量将袋内的空气挤压出来，并把食材平铺，然后再完全封闭密封保鲜袋，可以达到类似"真空压缩"的效果，不但节省空间，还能保鲜得更持久。

（2）保存绿叶菜等食材的时候，可以放一张厨房纸巾，纸巾及时吸收水分，能让绿叶菜保鲜得更持久。

④钩类收纳

钩类收纳其实就是在冰箱内粘贴一些挂钩，这是非常简单方便的收纳方式。审视一下自己家的冰箱门，存放物品的架子上方是不是还有很多"空白"呢？怎么有效利用这部分空间？可以在冰箱门上粘贴挂钩，再用长尾夹夹住食物，将它们悬挂起来。

也可以用两个挂钩搭配一根挂杆，再用长尾夹来收纳物品。还可以在挂钩上挂一个挂篮，在冰箱门上创造一个储物空间。

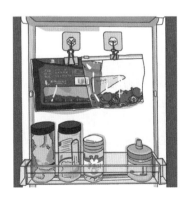

一起来练习

检查一下你家的冰箱，分区是否合理，收纳工具是否合适呢？快来试试对冰箱收纳改造吧！

2. 冷冻区，让物品清晰可控

接下来看一看冷冻区的收纳方法与技巧。

冷冻区常常是物品堆积的"重灾区"。冷冻起来的食材经常被人遗忘，甚至会在冰箱里放置一年以上。之所以出现这种情况，是因为相对冷藏区而言，冷冻区的打开频率更低，而且如果不注意食材的保存方法，所有食材混放在一起冷冻，打开冰箱后经常分不清存放的食材究竟是什么，更别说分清食材的保质期。

日语中有一个词语叫作"赏味期"，就是品尝食物的最佳时期，错过赏味期的食物未必是变质、不能吃的，但是其口感和营养价值都会大打折扣。想必大家也有类似的体验——冷冻久了的肉和海鲜都不好吃了。因此，想要让冷冻区变得清爽，一定要对冰箱做一次彻底的收纳整理：把冷冻区的食物全部取出来，辨认食物的类型和保存时间，及时清理存放时间太长的食物，只保留还在"赏味期"的食物。

说到冷冻区食物的保存方法，其实常用的收纳工具和冷藏区大同小异，保鲜袋和保鲜盒依然是主力选手。

（1）生鲜类：冷冻时，注意把食物分装成单次食用的分量，这样每次拿出一袋食用，非常方便。如果将一大块肉直接冻进冰箱，一次吃不完，反复解冻会严重影响食物的品质。

（2）蔬菜类：人们对于冷冻蔬菜比较有争议。对于忙碌的上班族来说，把蔬菜焯水后分装保存，等到工作日拿出来做一顿"快手饭菜"，是很不错的选择，当然肯定不如直接食用新鲜蔬菜。但是根据我个人的经验，这样处理后蔬菜的颜色、口感都可以保持一周，非常方便。推荐给忙碌又想自己做饭的上班族。

（3）主食类：主食类食物包括速冻水饺、早餐包、豆沙包、手抓饼等。这些食物可以用扁收纳盒存放。

生活小妙招

用铝制饭盒来速冻肉类非常方便，冻出来的肉还能保持比较鲜艳的色泽。而且这种饭盒的盖子也比一般的保鲜盒柔软，哪怕放进冷冻区，也很好开关，不像一般收纳盒的盖子，冷冻后会变得硬邦邦。

在将存放了食物的饭盒放进冰箱前，可以用标签机或油性笔做好标签，这样后期拿取更方便。

　　王尔德说，只有肤浅的人才不以貌取人。爱美不是肤浅的事情，反而是一种能力，是一种顽强的生命力——代表无论什么时候，无论顺境逆境，都对生活保持着极大的热情，相信生活充满了希望，相信有更多美好的事情在等待着我们。

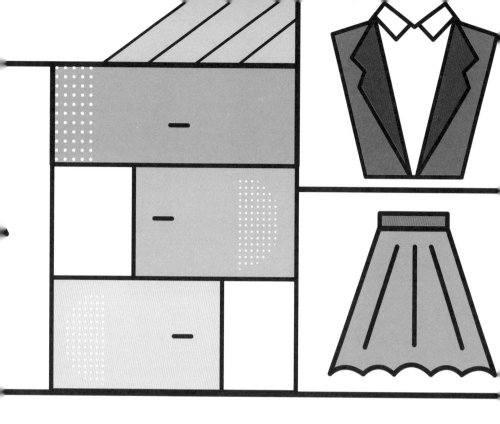

03
CHAPTER

"穿"的收纳，
"盛装出席"每一天

第 1 节
"盛装出席"每一天

所谓的"盛装出席"，其实并不是一定要穿名牌和昂贵的服饰，而是一种认真搭配、认真穿衣的态度。

不知道有没有人和曾经的我一样，只有在"盛大的日子"，才好意思穿得美美的。后来我发现，根本没那么多重要场合需要出席。为什么非要在"盛大的日子"才打扮自己呢？人生的每一天，不都是生命中最年轻的一天吗？你怎样度过一天，就怎样度过一生。与其在每个"盛大的日子"来临时才考虑穿衣搭配，不如在平常的日子里就认真对待穿衣这件小事。

我们从小被教育要注重心灵美，其实一味标榜内在而忽视外在，也是一种肤浅。王尔德的话更犀利一些——只有肤浅的人才不以貌取人。

爱美是一种顽强的生命力，代表无论什么时候，都对生活保持着极大的热情，无论今天境况好坏、心情如何，都愿意维持一种"创作"的热情，去搭配好一天的穿着。

1. 爱美是会"传染"的

我喜欢看妈妈精心打扮时流露出的对生活的热爱，而且我总感觉，妈妈爱打扮就意味着一切顺利，以后的生活会越来越美好，对我也会有心理上的鼓励。

现在我赚了钱，喜欢带妈妈买衣服，喜欢看她穿各种各样的衣服。对我来说，这就是安全感，哪怕生活中有再多波折，也要热爱生活。

无论处于顺境还是逆境，好好打扮，就意味着生活充满了希望，许多美好的事物还在远方等着我们。这种对生活的热情也会自然而然地传递给自己的家人。

2. 爱美的人工作能力更强

我的一位前同事是我见过的最会穿搭的人，衣品超高的背后，是她长久的努力——我见过她减肥前的照片，她说好不容易瘦下来，一点都不想再胖回去了。她平时上班都会自己带饭，吃得非常健康、低脂，除此之外，她还会练习瑜伽保持身材，出门打伞防晒，从不熬夜晚睡。

不要小瞧一个穿衣好看的女人，因为这意味着从体态到肤色，从饮食到健身，都需要自律、努力和坚持。这种能力，也是工作必备的呀！

记得我很久之前关注过一个 HR（人力资源）的微信公众号，她每天早上都会自拍一张，记录自己当天的穿搭，职业、干练、得体，每一套搭配都很用心。后来有一天，这个号停止更新了。我问她原因，她告诉我她升职了，要承担更多的工作，所以没有时间打理公众号。我认为，一个对穿衣如此认真的人，一定会有这样美好的变化。

我喜欢的作者梁爽曾经写过一个案例，让我印象尤为深刻。她说危机公关专家曾经说过，良好得体的气色、打扮、穿着和姿态，都传递着"困难压不垮我，我尚有余力照顾外表"。

所以永远不要小瞧一个衣品好的女人，这背后付出的绝不是一点点钱而已。首先，要自信，相信自己值得穿好的、用好的，也能通过自己的努力，过上更好的生活。其次，要有功力，衣服的材质、款式、颜色、搭配，每一项都是穿搭的基本功。在万千款式中找到最适合自己的，也是一种本领。最后，要自律，穿得是否好看不仅仅取决于衣服本身是否好看，即使是相同的衣服，不同身材、体态、肤质的人穿，也会有截然不同的效果。保持良好的身材和皮肤本身就需要强大的自律能力。

3. 聊一聊衣品与人生

杨澜说，没有人有义务透过你邋遢的外表，去发现你优秀的内在。无论内心多么充盈，不得体的外表都会让这一切大打折扣。当你糊弄着随便穿的时候，意味着你对生活的态度是"随意、无所谓、不在了"，也就不能奢求生活会回馈你太多的美好。当我们接触一个人的时候，第一印象和他的衣着直接相关。我们不可能把自己的学历、经历、思想、技能全都写在脸上给别人看，衣服就像一张名片，可以让别人从大体上了解你。

有个演员曾经说过："当我穿得很落魄的时候，我感觉整个人都颓了。"人自主地选择一天的衣着，却又会被衣着影响一天的心态和心情。

我会有意识地选择一些面料上乘、精致的衣服，每当穿上这些衣服，我总会感觉幸福指数更高一点，甚至能带给我一天的好心情，让我解决各种问题都更加高效。而反过来，当我收拾得邋里邋遢、不修边幅的时候，拖延症、消极情绪、负能量等都会跑过来"凑热闹"，真的非常奇妙。

最好的状态，就是认认真真对待每一天的穿着！

4. 每天如何认真穿

（1）态度认真

衣着品味不是瞬间就可以提升的，但是"认真穿"却可以马上做到！只需要转变态度，认真对待自己已经拥有的衣服和未来将要购买的衣服即可。

对于现有的衣服，可以观察一下哪些属于随便买的，哪些属于精心挑选的。只保留精心挑选的衣服，先让自己端正对穿着打扮的认真态度。

还可以为穿搭增添一些"仪式感"。比如在家里安置一个全身镜，每天对镜自拍记录穿搭，并把这些照片保存在专门的相册中，定期审视自己的穿搭，找到自己满意的地方和可以改进的地方。

（2）技能提升

端正"认真穿搭"的态度后，需要提升的就是自己的穿搭技能了。

①体型

穿搭博主的穿搭展示下面经常可以看到留言说"长得瘦穿什么都好看"。不得不承认，当身材比较瘦的时候，确实更容易买衣服，也更容易穿出气质。

健身是最好的"整容"，瘦下来，整个人都会容光焕发！我曾经有过一段比较瘦的时期，坚持健身和吃健康减脂餐，不仅保持着好身材，连皮肤都在发光。那段时间，我感觉自己无论穿什么都非常好看。当时我还被选中做兼职穿搭博主，想来真是一段有趣的经历。

后来，我因为有了宝宝而变胖，甚至曾经有一段时间都放弃打扮了。某一天，我看着镜子里邋遢的自己，感觉很陌生，这还是那个爱美、爱生活的我吗？

当即，我决定不再将就，买了很多适合自己当时的身材的衣服，并没有考虑什么"瘦下来之后穿"。即使身材不够理想，也不能成为"暂时不用打扮"的借口。没有人规定只有身材完美才能认真打扮，要好好对待任何状态的自己！能放弃自己的，其实只有自己。当自己都放弃自己的时候，才是最可怕的时候。

无论身材如何，每个人都有追求美的权利，也都要有改变自己的能力。要不就接受不理想的自己，买适合当前身材的衣服，要不就努力健身，调整到理想的身材！

温馨小提示

在健身教练的指导下锻炼，会事半功倍。不要为了减肥盲目节食而损害身体健康哦！

②场合

分清穿衣场合也非常重要。比如当受人邀请参加商务活动时，如果穿得太休闲，难免让人觉得不够尊重自己；穿得太隆重又显得喧宾夺主。

上班的穿着也是一样，穿得太随意会让人感觉不够职业，穿得太职业又让人觉得亲和力不足。

日常生活中，会有上班、会议、商务谈判、演讲、主持、授课、聚会、外出旅行、起居、休闲、购物等各种场合，根据这些不同场合搭配好衣服，最能体现一个人的穿搭功底和实力。

一定不要"一件基本款走天下"！虽然基本款穿起来舒适随意，但它不是万能的，并不适合所有场合。

③色彩

服装的色彩直接影响穿搭的效果。我在澳大利亚博主 Leanne 那里学到了简单的、可以直接运用的色彩管理技巧。

首先找到适合自己的基底色，也就是给自己的衣橱定一个总体基调，以职场女性为例，基底色可以是藏蓝色、黑色。

有了基底色之后，再搭配与之呼应的协调色。搭配协调色是为了让服装的色彩不那么单调。协调色与基底色有一定的对比，但又能搭配在一起。如果选择藏蓝色和黑色作为基底色，则可以选择灰色、白色、卡其色等颜色作为协调色。

最后再用一两个当季流行色来进行点缀，如牛油果绿、铁锈红、雾霾蓝等季节性流行颜色，可以搭配出千变万化的服饰色彩。

④材质

材质的好坏直接影响衣服的质感及穿着感受。经历过盲目冲动的"买买买"之后，我发现只有材质优良的衣服才能获得我长久的喜爱，而材质不好的衣服可能无法长久维持好看的版型，慢慢就被淘汰了。

我每次断舍离很多材质一般的衣服时都在想，要是能把买这些衣服的钱用来买一两件材质好的衣服就好了。后来，我在买衣服的过程中学会了挑剔和克制，如今衣橱里全是自己很喜欢的衣服，打开衣橱都不舍得把它们弄乱了。

说到材质，夏天穿真丝，冬天穿羊绒，于我而言是一种幸福。

真丝亲肤、柔软，还能让衣服看起来更高级。尽管真丝的护理非常麻烦，且济南的春天很短暂，我还是买了很多适合春天穿的真丝衬衣。

可以说，真丝是我目前最喜欢的材质。

我最喜欢的博主黎贝卡是这样形容羊绒衫的质感的：比拥抱更暖，比亲吻更软。

我曾买过一件价格不菲的羊绒衫，贴身穿，可以体会到肌肤和材质之间的缠绵。我第一次穿上它时，真的感觉它软到惊人，暖到惊人。品牌方提供终身免费干洗服务，每次洗完、叠好，它都像全新的一样。尽管它的样式并不出众，我还是很喜欢穿它。另外，这件羊绒衫是老公在收入不高的时候"狠心"给我买的，除了衣服本身的温暖，回想起结账时我的不忍和老公的坚决，心里也会涌起温暖的感觉。如今这件羊绒衫已经被我当作家居服来穿，在无数个微凉的夜晚陪着我看书、写稿，温暖着我。

⑤追随博主

学习穿搭，除了闷头研究场合、色彩、材质，最快捷的方法就是找到一个合适的博主，模仿和借鉴她的搭配！不过需要注意的是，并不是每一个光鲜亮丽的博主的穿搭都适合模仿，虽然有的博主的穿搭能让人眼前一亮，但是如果跟自己的体型或日常生活风格差距太大，也起不到参考和借鉴的作用。

⑥保持自信

　　最后一点, 也是最重要的一点, 就是自信洒脱地享受自己的穿衣搭配, 相信自己是最美的。

　　自信能增加人的魅力, 当一个人非常自信的时候, 举手投足都充满气质, 衣服便是为自己锦上添花之物。否则, 华服在身, 反倒会衬托出主人的"不自在"。

第 2 节

你的家里有"长满衣服的沙发"吗

我的收纳书和其他同类书不太一样，并没有单独划分出"卧室整理"章节，而是把与"穿"相关的内容全部放在一个章节。与其说这些内容是与"穿"相关，倒不如说，是与"扮扮"相关。

仅仅学习衣橱管理是不够的，即使衣橱再整洁，家里的沙发上、飘窗上也依然有可能堆满衣服，想穿的衬衫总是躺在脏衣篓里，需要继续穿的衣服无处安放，每天出门前换衣服都忙乱得像打仗。

整理衣橱的目的并不是要让衣橱整洁，而是要让自己使用便利。"穿戴"这一系列动作都是为人服务的，需要让每一个环节都顺畅、舒适，因此仅仅拥有一个整洁的衣橱还不够。

为了让"穿"这件事可以顺利进行，需要给家里打造两大体系。

1. 存放体系

存放体系指的是存放衣物的场所，要想让家里的衣服井然有序，就必须建立好自己家的衣物存放体系。

存放体系包含开放的衣帽架、玄关挂衣区、衣橱、衣帽间、储藏室、床下、榻榻米下方等空间，我把这些空间分为三个级别。

（1）一级收纳

开放的衣帽架和玄关挂衣区承担着"收纳次净衣"的功能，需要精心布置。

次净衣也叫隔夜衣，指的是穿过一两次，不适合放进衣橱，但是又暂时不需要洗的衣服。这类衣服最容易混乱，在日常生活中也最为常见。如果没有一个合适的"次净衣归属地"，那么就会出现"长满衣服的沙发或飘窗"。

很多人会在卧室里摆放一个树形衣帽架用于收纳次净衣，这是最不实用的款式。这种衣帽架能挂的衣服十分有限，而且挂上几件衣服就显得非常凌乱，找衣服也不容易。

我更推荐使用带有横杆的衣帽架，挂起来的衣服一目了然，还可以在衣帽架下方放置抽屉或收纳筐，用于收纳日常使用的包。可以说解决了次净衣的存放问题，就解决了一大部分凌乱的衣服，不会出现"家里到处都是衣服"的情况。

（2）二级收纳

衣橱和衣帽间是存放日常干净衣物的位置，属于二级收纳。这部分内容将会在后面单独讲解。

（3）三级收纳

衣橱顶部区域、床下、榻榻米下方等位置，适合存放反季衣物，属于三级收纳。

总的来说，存放体系分为三级，越是开放的位置，越要存放高频的日常衣物，越是隐蔽的位置，越要存放低频的反季衣物。

三级存放体系搭建完毕，才能让自己的衣物各归各位，有条不紊！

2. 清洁体系

清洁体系包括脏衣服的存放地、洗衣机、烘干机、衣服晾晒的地点。

对于"脏衣篓"，我的个人意见是没有必要存在。脏衣篓放在起居室，无疑会成为脏衣服聚集的地方，影响我们在起居室的心情。脏衣篓放在洗衣机旁，多少有些画蛇添足。其实把脏衣服直接丢进洗衣机，而不是放在脏衣篓里，会更加方便。

💗温馨小提示💗

如果害怕不同颜色的衣物混洗会染色，可以购买防染色片，洗衣时加入即可，非常方便。

淘汰掉脏衣篓后，清洁体系就减少了一个环节，接下来就是清洗和晾晒了。不得不说科技改变了我们的生活，有了烘干机，一切都会更加便捷，可以取代晾晒区。那么，清洁体系只需要洗衣机、烘干机这两个机器就能搞定了。

当然，如果你喜欢阳光晒过的衣服，还是可以在阳台设置晾晒区。将洗衣机放置在阳台，洗好的衣服直接晾晒，这样最方便啦。

存放体系和清洁体系之间是流通的，晾晒好的衣物要进入存放体系，而存放体系中的衣物穿完后要通过清洁体系清洗。在这个交互的过程中，要尽量缩短行动路线。

只要建立好存放体系和清洁体系，在每一步都清楚衣物的去向，就再也不会出现"乱丢衣服"的情况了。

一起来练习+

试着在脑海中构建自己家的存放体系和清洁体系，思考一下这两大体系是否有可以改进的地方。思考方向为：存放位置是否合理、动线是否流畅、选择的工具是否为最优。

第 3 节

打造梦想中的衣帽间

我们梦想中的衣帽间，宽敞又好用，里面整整齐齐地挂满了各种各样心爱的衣服、配饰、包，想要穿某件衣服的时候，可以很方便地取出……

然而现实往往是，衣橱空间狭小、拥挤、凌乱，挂衣区的下方塞满了衣服，不管是爱穿的还是不爱穿的，都混杂在一起。面对乱糟糟的衣橱，没有心思精心搭配，甚至觉得自己"没衣服可穿"，每天草率地抓一件衣服就穿上了。

你有没有想过，这是衣橱的构造不合理造成的。

只关注收纳技巧而忽略衣橱构造，是导致收纳失败的主要原因，也是很多人即使学习了叠衣技巧，最终却还是整理不好衣橱的原因。

从构造上来看，中式衣橱存在很多雷区。

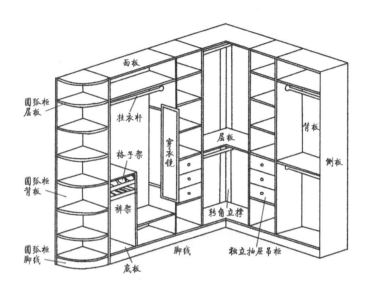

雷区 1：喧宾夺主的层板

身为收纳师，我经常被人问到各种叠衣服的技巧，但是要说如何收纳衣服，我一定不推荐叠衣服！因为衣橱收纳的第一原则就是——"能挂不要叠"。

在有条件的情况下，一定要多做挂衣区。很多人牺牲掉大面积的挂衣区而做成层板区。

层板区适合放置帽子和包，然而很多人的帽子和包并不多，反而衣服是最多的。很多人在不了解自身实际需求的情况下，随便就做了层板区，结果并不适合自己。

层板区的进深很深，内部空间并不好用。如果在里面叠放了很多层衣服，抽取时很容易倒塌。

拯救层板区有几种方法。

首先，看看是否可以拆掉层板，改造为挂衣区。有的衣橱的层板是放置在螺丝上方的，可以轻松地拿下来。挂衣杆可以找橱柜厂商定制，也可以用伸缩棒代替。

然后，针对层板区，可以测量好尺寸后，搭配抽屉和收纳筐使用。

把衣服叠好后竖着放进抽屉或收纳筐，这样抽取一件衣服时，就不会导致整个区域倒塌。

最后，高处的层板区可以放置河马口收纳箱，用来收纳包、帽子等物品。

如果你家衣橱的层板区无法改造，也可以用这些空间来存放床上四件套。可以试试竖立式收纳，把四件套一套一套地叠起来，然后像摆放书籍一样竖立摆放在衣橱里。不过，这要求我们叠四件套的时候尽量叠得整齐统一，也需要比较多的床上四件套，才能占满整个空间。

虽然前期的准备工作相对复杂，但是后期拿取会非常方便。比起平放，竖立式收纳使得床上四件套一目了然，而且拿取时也不会弄乱。

雷区 2：华而不实的定制裤架

定制裤架有两个缺点，一是两边有空余，空间浪费比较严重；二是定制裤架可以挂的裤子较少，储物能力十分有限。

其实,收纳工具通常越简单越好用,一根挂杆,一个裤架,就是很不错的选择。

如果空间高度不够,可以搭配鹅形裤架,缩短挂衣杆的高度。

也可以把裤架旋转 90 度,利用进深安放挂杆。

雷区 3：吃掉空间的固定抽屉

逯薇在《小家，越住越大》中描述了拆抽屉、装抽屉的经历：拆掉衣橱的固定抽屉，安装可移动的塑料抽屉。我看到这段的时候，有一种找到知己的感觉。

我不建议在定制衣橱的时候做固定的抽屉，因为固定抽屉会浪费大量空间！而且固定抽屉后期没有办法轻易移动，灵活度很低。

通过测量衣橱尺寸，我得到下图所示的一组数据，这组数据包括抽屉的左右宽度、上下高度、前后进深，能清晰地展示抽屉占据的空间，也能展示抽屉真正用于储物的空间。不算不知道，一算真是大跌眼镜！嵌入衣橱里的抽屉，空间利用率竟然不到40%，浪费了60%以上的空间。

维度	宽	高	进深	体积
占据空间	44.6cm	30.9cm	50.4cm	69458.3cm³
储物空间	35.5cm	18cm	43.4cm	27732.6cm³
储物空间比例				39.9%

雷区 4：虚有其表的圆弧转角

圆弧转角区域是完全开放的，属于展示区域，那么它的功能就应该是"美化空间"而不是"收纳物品"。

然而，人类"懒惰"的力量是十分强大的，会在伸手可及的"黄金区域"放置一些衣物和日常生活用品，硬生生把展示区域变成收纳区域。最终的结果就是，展示区域既失去了美感，又无法方便地收纳物品，只能变成一个杂乱无章的"四不像"。

目前, 我还没有看到过把衣橱的转角区域利用得很好的例子。其实这个完全开放的空间总会给人 "乱"的感觉, 还隐约有种"年代感", 不如索性不做。

雷区5: 千篇一律的衣橱门

衣橱的门, 要么是对开的, 要么是推拉的, 总之无法让人一眼看到衣橱的全貌, 这是中式衣橱的缺点。更有甚者, 衣橱是三扇推拉门, 每次只能看到三分之一的内部空间, 除非能清晰地记住每件衣物的存放位置, 不然就要来来回回地推门寻找。

折叠门可以很好地解决这个困扰, 让衣橱全貌尽收眼底。

更加新颖的方法是不做衣橱门或用帘子代替衣橱门。可能很多人会觉得这个方法不可思议，而一旦使用之后，就会觉得非常爽快利索。

温馨小提示

右图中的衣橱设计，男主人和女主人的小件物品都集中在右侧的抽屉里，每天拿衣服要打开左侧衣橱门，拿袜子又要打开右侧衣橱门，使用起来不太方便。而如果在衣橱左右侧都设计抽屉，男女主人各用一侧衣橱，则会方便很多。

雷区 6：画蛇添足的过度设计

人们总喜欢把衣橱设计得特别复杂，规划各种各样的储物空间，最终导致自由空间特别少。入住后才发现，生活很容易发生变化，再想改造衣橱就很难了。

导致自由空间少的原因就是"过度规划"。抽屉、饰品格、裤架、层板、镜子、密码锁……各种功能区全部加装在衣橱内，其实是不明智的。

　　说了这么多衣橱设计的"雷区"，那么究竟什么样的衣橱才好用呢？其实，只需要记住"少即是多"，简简单单的衣橱最好用！多挂、少叠，搭配灵活的抽屉，就是最好用的衣橱啦。

温馨小提示

下图展示了直立式折叠 T 恤的方法,快来一起试试吧。

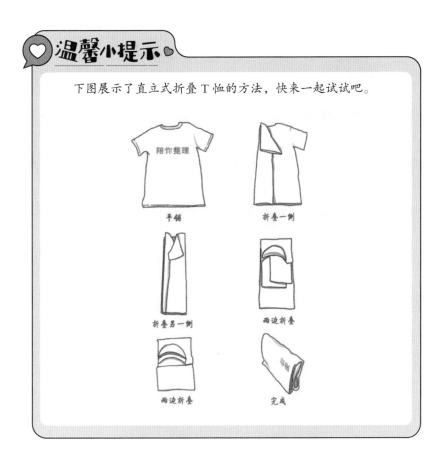

陪你整理

平铺   折叠一侧

折叠另一侧   两边折叠

两边折叠   完成

第 4 节
换季收纳：让你多出一个衣柜

第 2 节中讲到衣服的"存放体系"，其中第三级是衣橱顶部、床下、榻榻米下方等位置的收纳。这些空间不便日常使用，适合存放反季衣物。当然，如果想高效利用这些空间，我们还需要掌握一定的收纳技巧和必不可少的收纳工具。

换季是一个非常好的收纳时机，趁着换季，给自己的衣服做一次断舍离，把不爱穿的、穿着不好看的、穿不下的都舍弃掉。通过对衣服的收纳整理，也能让我们从另一个角度审视自己，整理思绪。

首先，要把反季的衣服全部集中起来，根据衣服属于哪个家庭成员来进行第一步区分。

然后针对每一个家庭成员的衣服，再区分是家居类还是外穿类，并逐步区分出裤子、裙子、外套、T恤、毛衣、羽绒服等，把类型相同及相似的衣服放在一起。

将反季衣物分好类后就要寻找合适的收纳工具，并将衣服折叠好后放入其中。

（1）首推的工具是百纳箱。百纳箱如同它的名字，"海纳百川，有容乃大"，可存放各类衣物及床上用品，属于通用类的工具。

♥温馨小提示♥

关于百纳箱的选择，有几个注意事项。第一，要选择三面可视的款式，顶部、正前方带拉链，侧面为透明可视，这样衣物存放后也一目了然。第二，不要选择太大的尺寸，一般60L左右比较好用。与其购买一个容量超过100L的大百纳箱，不如购买两个40~60L的小百纳箱。太大的百纳箱往高处摆放时很不方便，也不便于对衣物分类。

反季衣物不需要竖立式存放，因为不必考虑日常的拿取动作，等到下一次换季时会被一次性全部取出。折叠的时候可以按照百纳箱的尺寸平铺折叠，一般衣物对折即可。

（2）第二个推荐的收纳工具是收纳袋。收纳袋可以存放四件套或被子，也可以存放内衣。由于收纳袋相对较小，横着摆放、竖着摆放都很方便，可以放在百纳箱旁边。

推荐宜家的斯库布系列，布艺材质搭配拉链，还带有挺括的内衬，整个收纳袋造型方正，另外还设计有贴心的通风孔。

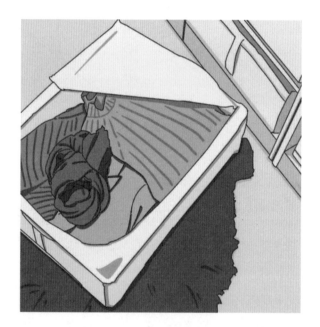

（3）第三个推荐的收纳工具是扁收纳箱。这种扁收纳箱适合放在床的底部，两边开盖的设计方便取物，密封性好，可以很好地保护衣物。如果在收纳箱底部加上滑轮，拿取会更加方便。

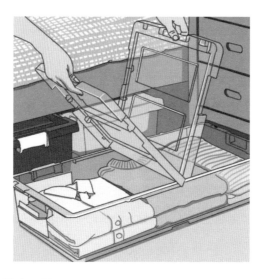

（4）其他小工具

※ 衣物收纳袋

推荐使用网纱款衣物收纳袋，专门放置需要单独保存的衣物，如材料娇贵的衣物或内衣。

※　标签机

标签机是给物品"定位"的神器，不仅适用于衣物收纳，生活中各种需要标记的位置都可以使用，是帮助我们实现可视化收纳的有力工具。

现在市面上有很多好用的标签机可以选择，也可以手写标签进行标注。

※　防蛀霉片

以前，人们会在反季衣物内放樟脑球，然而樟脑球的味道太刺鼻了。现在的防蛀霉片无明显气味，防蛀、防霉的效果也很好。还可以放置香樟木、香包等产品，吸潮、防蛀、增香。

※ W空间衣钩

对于不方便折叠的反季衣物，可以采用悬挂的方式收纳。反季衣物日常不需要取用，因此紧凑的悬挂方式更加合理。用一个小小的衣钩，就可以把衣物最宽的肩膀部分错开，形成一个高低错层的"W"形，节省近50%的空间!

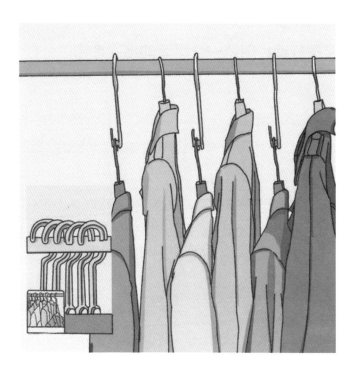

第 5 节
玄关打造：创造一个灵活的缓冲地带

玄关是隔离外界和家庭的屏障。人们忙了一天回到家时，玄关是消除一天疲惫的地方；外出时，玄关是整理妆容和状态的地方，是关于"穿"的最后一个必经之地。

因为工作的关系，我去过不少人的家中，遗憾的是，绝大多数人并没有重视自己家的玄关收纳，尤其是入户门之外的地方，几乎成了废旧纸盒回收地、杂物堆积处或垃圾中转站。想必每天经过这样的地方回到家中，心里也会蒙上一层阴霾。

我曾对一户人家的门口区域"惊鸿一瞥"——考究的原木色鞋柜，一个棉麻袋子里放着两个小孩子玩的球，整片的地垫从门口一直延伸到电梯，就连墙面上也贴了淡雅的墙纸，让人感到心旷神怡。

无论玄关是大是小，都应该精心布置，展示一家人对美好生活的期待，让每个归家的人第一时间感受到家的温暖。

1. 鞋子相关

"换鞋"是玄关必备的功能，也是最基本的功能。如果连基本的鞋子收纳都做不好，那散落一地的鞋子一定会打破一切设计。

一般情况下，鞋柜进深达到 35 厘米就足够了，太深会浪费空间，太浅则空间不足。如果玄关处空间狭小，可以选择翻斗式鞋柜，进深只需要 25 厘米就够了。另外，为了顺应人"懒惰"的本性，需要在鞋柜下方做两层高度为 15~20 厘米的镂空区域，方便把拖鞋和日常穿的鞋放入其中。

与"换鞋"这个动作相关的事情，也要考虑进来。比如摆放一个换鞋凳，在坐下时触手可及的地方摆上鞋拔子；鞋柜里设置小抽屉专门放鞋油、擦鞋布、刷子等，方便清洁鞋子。

玄关处究竟要放什么物品，是根据个人的生活习惯和动线来确定的。比如，有些人总是在穿鞋时才发现忘记穿袜子，每次都要返回卧室穿袜子，这些人可以把袜子放在玄关处。洗完的袜子放在卧室衣橱里还是玄关处的区别并不大，但是根据个人需求合理存放会让大家外出穿鞋时的动线缩短很多。

还记得开篇讲过的"以人为本"吗？收纳就要顺应人的行为，顺应人的懒惰，顺应人的健忘，为人服务，而不是一定要遵照某种收纳规则，反过来让人的行为去适应这种收纳规则。

一起来练习+

你有没有经常在出门后折返回家，取某件物品呢？试一试，把这件你常常遗忘的物品放置在玄关处。

2. 衣服配饰相关

你家的玄关处有没有设置足够的挂衣空间？如果随手就能把外套挂在玄关处，就能减少 80% 的次净衣收纳难题，解救"长满衣服的沙发"。

3. 工具相关

玄关必备的工具分为三大类。

第一类是跟天气有关的工具,主要包括雨伞、阳伞、帽子等。

在我学习的收纳课程中,有一个测试让我印象尤为深刻——可以通过家中伞的数量,测试自己有没有超量囤积物品的习惯。伞是非常容易"不知不觉"地进入我们生活的物品,也是容易被随手放置的物品。如果伞的数量超过了家庭成员数量的 1.5 倍,就说明你或家人有超量囤积物品的习惯。

将家里的伞全部集中在玄关处,不仅一目了然,也非常方便出门时取用。

第二类是跟清洁有关的工具,主要包括纸巾、湿巾、免洗凝胶、各种清洁喷雾、垃圾袋等。

纸巾、湿巾除了放在玄关处使用之外,还可以准备一些小包装的放进包里,以备出门后使用。免洗凝胶可以在拆快递之后用作手部清洁。清洁喷雾包括给鞋子除菌去味的喷雾、给衣服除皱消毒的喷雾及疫情期间离不开的酒精喷雾。垃圾袋用来随手放一些垃圾。

第三类是快递相关的工具,主要包括小刀、剪刀、防泄密印章等。

玄关也可以作为一个拆快递的场所,快递在门口喷酒精消毒之后再拆开,动线更加流畅,而且不容易出现"快递积压"的情况,拆完快递后直接将包装丢入垃圾袋,非常方便。

生活小妙招

如果担心快递上的个人信息泄露，可以购买"防泄密印章"，在快递单上轻轻滚动，隐私信息就全部被遮挡起来了。

4. 精神提升相关

其实玄关处除了换鞋、取物之外，更应该承担某种重要的"精神功能"。每次回家，如果映入眼帘的是精心布置过的玄关，就可以提醒自己已经回到温暖的小窝了。

玄关处可以摆放以下暖心设计。

（1）双控电源

可以在玄关处设置一个控制客厅主灯的双控线路，也可以用智能家居在玄关处实现"一键关闭全屋电源"，防止每次出门时来回检查各屋是否关灯。

（2）护手霜

将护手霜放在玄关处，可以在等电梯时擦擦手，更好地呵护自己。

（3）香水

很多人视香水为自己的贴身衣物，因而他们把"喷香水"说成"穿香水"。这种说法很有趣，在玄关处摆放香水，可以方便外出时"穿"好优雅的衣服。

（4）摆件

精心挑选的摆件代表着主人的
品位和喜好，也可以让人迅速进入
"家"的温暖氛围之中。还有人在
玄关处摆放水晶等物件，希望能为
自己充满能量。回家时看到心仪的
小物件，心情会变得很不一样。

（5）装饰画

装饰画和全家福照片很容易布置，回家时看到一家人的笑脸，想必
会默默扬起嘴角。

（6）暖光灯

玄关处的暖光灯也是迎接家人回家的礼物，尤其有人需要加班到深
夜时，留一盏灯的意义不仅仅是"照亮空间"！

（7）墙面装饰

定制墙面装饰，如黄铜字等，不但可以提升艺术感，也颇具意义。

一起来练习+

试试在玄关处布置一些小物件，提升自己的能量吧！

　　都说"有趣的灵魂万里挑一"，到底什么是"有趣的灵魂"呢？

　　我认为拥有"有趣的灵魂"的人应该是一个对生活充满热情的人。这样的人能让自己幸福且充实地生活，愉悦地工作，还有能让身心放松的兴趣爱好，能持续不断地输入和输出，乐于分享自己，勤于充实自己。

　　除了吃、穿、工作，剩下的事情都可以被称作"玩"。

　　有趣的人，总能让平凡的生活"开出花"来。在家会客、沐浴、种花，都属于"玩"的范畴；看书、健身、看电影、画画、瑜伽、美妆、护肤、养生等兴趣爱好，也全部都属于"玩"。

　　不得不说，爱玩、会玩的人真的太有趣了！

04

CHAPTER

"玩"的收纳，
让生活更美好

第1节

传统客厅过时啦，打造"家庭核心区"

在装修客厅时，可以暂时跳出传统的条条框框，看看有没有更多的可能性。

如果家里的宝宝很小，可以把客厅当作"游乐园"，放上围栏和爬爬垫，就是一个安全的宝宝游乐场所。

当宝宝长大一点后，就可以撤掉围栏，放置茶几了。推荐用低矮的圆形茶几搭配地毯，围坐在地毯上，可以悠闲地喝茶，也不用担心宝宝会磕碰到茶几锐利的边角，舒适又安全。

另外，可以"另辟蹊径"，考虑其他形式的客厅布局。

上图是深圳某一 50 平方米小户型的客厅，这个客厅的布局非常有趣。

常规的电视背景墙处，并没有放置电视，而是将墙体打通，直通厨房，由此客厅和厨房实现了良好的联动，整个空间看起来也更加宽敞、明亮。另外，这个布局还有一个隐藏的设计——联通窗下面是投影设备，联通窗上面是投影幕布，放下幕布，就能在家看电影。这种布局思路值得借鉴。

客厅除了没有电视，还可以没有沙发、茶几等。我们可以摒弃传统的装修方案，尽情设计自己喜欢的场景，比如摆放书架、摇椅、大办公桌、懒人沙发、钢琴……

客厅承载的主要功能是"休闲娱乐"，装修前应当想清楚自己的主要诉求，再对客厅进行布局。

客厅空间虽然大，但是真正的收纳空间却少得可怜，反而容易成为堆积杂物的地方。如果有条件，建议做"顶天立地"的电视背景墙收纳柜。

顶天立地的设计能让收纳柜容纳更多物品。如果觉得空间压抑，可以把橱柜的进深做小一些，大约 30 厘米。另外，白色的橱柜门可以缓解压抑的感觉，纯白色的储物柜，会让整个空间显得特别开阔。

在装修的时候，摒弃"客厅"的概念，不要以"招待客人"为目标来设计客厅，而是将客厅打造成"家庭核心区"，满足每个家庭成员的生活习惯和爱好。爱看电影，可以摆放超大屏的投影设备；爱写手账，可以摆放小桌子和工作台；爱喝茶，可以预留好水源、电源，摆放大大的茶台；宝宝喜欢玩闹，可以开辟出玩具角；爱读书，可以做一整面墙的书柜……

我见过最动人的装修案例，绝不是一掷千金的豪华布置，也不是千篇一律的平淡风格，而是方便全家人一起，共同探讨对未来美好生活期待的设计。只有满足了家人的需求，才不会浪费这个一家人待在一起最久的地方。

我去过很多人的家，令我印象深刻的装修，都是那些满足了家人真正诉求的装修。

有一个画家，他家的客厅里有一张超级大的桌子，上面铺着大大的毡布，他平时就在这里画画。

有一个全职妈，她家的客厅中有一整面墙的书柜、地毯、懒人沙发，还有一个低矮的边柜，没有沙发，没有电视，没有大茶几，去了就席地而坐，随便拿本书看看，喝茶聊天，很是惬意。

有一个家居博主，她家有三只狗、一个孩子，家里的客厅也颇具特色。她家的一整面墙做成了储物柜，各种常用的工具全部收纳在这里，柜子的下方还专门留出了狗狗的窝。

这些让我觉得眼前一亮的客厅，都承载着主人对美好生活的畅想。一个家的客厅，比外在的衣着打扮更能体现一个人的性格，在这个可以自由发挥的地方，不需要太多的条条框框，按照自己喜欢的样子布置就好！在装修布置客厅之前，一定要想清楚，这里不是"客厅"，而是"主人厅"，是家庭的核心区！

第 2 节

拥有一个满足公主梦的梳妆角

美美地梳妆打扮，是很多女人心中的公主梦吧？那些瓶瓶罐罐的化妆品，要怎么收纳，才能既有美感，又方便使用呢？

关于要不要单独摆放梳妆台这个问题，我反复地进行尝试，体验过各种化妆场景，更是研究了不少收纳工具。

在讲具体的梳妆台收纳之前，我们先来看看梳妆台的摆放位置吧。

将梳妆台摆放在卫生间是最方便的，这样动线最短，梳洗完就可以化妆，用水也很方便。另外，关于镜柜的选择，开放式和封闭式相结合的镜柜，既能方便日常使用，又能隐藏很多不太常用的物品。这种设计看似平平无奇，实际上是最好用、最方便的！开放区域可以放日常生活中最常用的物品，方便使用的同时还能解放台面空间。

如果卫生间的洗手台比较宽，那做一个简单的"干湿分离"最合适不过了，一侧洗脸，另一侧化妆，使用非常方便。

另外，还有一种很方便的设计就是在洗手台的侧面做梳妆台，不过这对户型有一定的要求，未必适合所有的家庭。

将梳妆台摆放在洗手间的外面，同样也有不同的摆放方式。

一种方式是将梳妆台摆放得离洗手间比较近，这种方式的优点是，既能拥有独立的梳妆台，又能很方便地使用洗手台，也有足够的空间做干湿分离。

上图的设计非常好，梳妆台正对的窗户位于主卧北侧，南侧有大飘窗，主卧内南北通透。将梳妆台摆放在北侧临窗的位置，既能有柔和的光线，又离卫生间非常近。衣橱位于从床到卫生间的必经之路上，动线比较合理，也避免了"卫生间门正对着床"的尴尬。买房子的时候，一定要多研究户型，才能拥有这种"天然的"便利。

梳妆台还可以摆放在床头，与床头设计成一体，非常美观。

还有一种最简单的方式，即在合适的位置单独摆放梳妆台。这种方式的可操作性强，对装修和户型的要求不高，可以随时在合适的位置添置。

以上几种梳妆台的摆放方式，在位置上离洗手台越来越远。从方便的角度来说，梳妆台距离洗手台越近越方便；从美观、舒适、干净的角度来说，单独摆放的梳妆台体验更佳。大家可以根据自己的情况来权衡和取舍。

作为一个拥有过单独的梳妆台，后来又把梳妆台摆放在洗手台旁的收纳师，我建议将梳妆台摆放在洗手台旁，这样的布局适合生活节奏快的人。

梳妆台的位置确定之后，就该挑选合适的收纳工具啦。梳妆台收纳的实用型选手是塑料或亚克力材质的多层收纳盒，可以把各种化妆品收纳得整整齐齐。

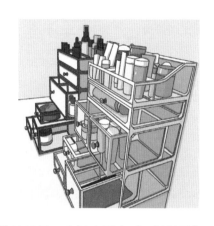

然而，这种收纳工具一直被人诟病"不够精致"。如果想为梳妆台添加"精致"的元素，可以选择带有金色装饰花边的亚克力收纳盒，既不会太浮夸，也有了精致感，还保证了收纳盒的实用性。

第3节

解决卫生间的麻烦，才能享受沐浴

在小小的卫生间中，怎样才能把收纳做到极致呢？大部分中国家庭的卫生间，承载着沐浴、如厕的功能，多数卫生间里还会放置洗手台。三分离甚至四分离的卫生间在日本非常盛行，但国内大部分户型并没有设计三分离或四分离。不同国家的人的生活习惯不同，其实无须过多羡慕日本的户型，一体卫生间也有它的好处，也有很多收纳技巧，可以把这个空间变得更好用。这一节就来介绍卫生间的收纳技巧。

卫生间收纳主要利用墙面，有三种主要的方法：第一种是在墙面做壁龛，相当于向内扩展墙面空间，这种方法最节省空间，但是需要在装修之前规划设计好，否则后期很难改造；第二种是在墙面设置挂钩、挂杆，把物品悬挂收纳；第三种是在墙面安装置物架，利用墙面的外延空间。第二种和第三种方法可以结合起来，更高效地收纳物品。

1. 壁龛收纳法

壁龛指的是墙上的龛穴。壁龛最早出现在宗教的建筑上，基本都是在建筑物上凿出一个空间。佛龛用于摆放佛像，教堂的壁龛可以摆放神像，也可以镶嵌画框，还可以做内窗。在现代建筑中，壁龛是在墙面上掏一个洞，用于收纳物品。

　　在浴室中设计壁龛，能非常灵活、方便地把物品收纳起来，并且不占用额外的空间。壁龛的应用场景广泛，不仅可以应用在浴室中，还可以应用在洗手台周边，以及家庭的其他区域。

 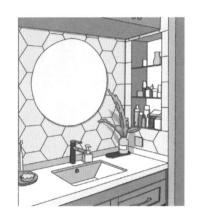

生活小妙招

　　卧室对面的墙面上可以设置一个"充电壁龛"，内嵌电源、数据线接口，用于督促自己"不躺在床上玩手机"，亲测有效！每天把手机放在壁龛处充电，已经成了我睡前的仪式。睡觉之前不刷电子产品，而是看几页书或静静思考，不知不觉避免了很多次无意义的熬夜。

2.悬挂收纳法

　　悬挂收纳法指的是在墙面上安装置物架、挂杆、挂钩，用于收纳各种各样的物品。这里最推荐"上摆下挂"的设计，上方是置物架，可以摆放物品，下方带有挂钩，可以悬挂物品。

卫生间墙面上可以悬挂收纳清洁工具。虽然客厅阳台一直是我最推荐的收纳清洁工具的场所，但是当阳台实在没有空间的时候，卫生间就成了最优选择。可以把清洁工具收纳在卫生间门后等不碍事的区域。

3. 马桶周边收纳

马桶周边的空间，也可以灵活地利用起来。例如，可以在马桶的上方安装儿童壁挂洗衣机，这是有宝宝的家庭的必备电器。将宝宝的衣服单独洗，健康又方便。

还可以在马桶上方安装置物架，把空间充分利用起来。

马桶的水箱可以变成一个置物平台，既好看又好用，上面还可以放一些小摆件。

4. 脏衣篓

要在卫生间沐浴，那势必就要更衣啦，卫生间中需要留出放置脏衣服的位置。

可以选择可折叠的脏衣篓，使用时打开，不用时收起来，囤满一筐脏衣服时，还能将脏衣篓提起来，直接拎到洗衣机旁。

洗衣机放置在卫生间，其实也是很不错的设计。我家由于开发商的设计问题，洗衣机无法放置在阳台，这一度让我非常郁闷，因为晾晒衣服非常不方便。不过转念一想，我家没有脏衣篓，洗衣机放置在卫生间里，洗澡前把脏衣服直接丢进洗衣机，非常方便。

人生中多一些这样的"转念一想"是很美妙的。很多事情没办法做到十全十美，与其盯着缺点不放，不如想想事情好的一面。

有一个公益短片，一个小姑娘拿着粉笔在黑板上做算术题，其中有一道题目是计算 3+5，小姑娘写的答案是 7。台下的人议论纷纷，说这道题写错了。老师说，她做对了 9 道题，没有人看到，却都盯着这一道错题。

我们想把自己的家变得美好、合理、宜居，这都没错，但是不能只盯着家里的"错误"不放，要多看看这个家的优点和闪光点，只有这样，才能以更多的热情去接纳自己的家，优化自己的家。

我们对待自己也是一样，真正的优秀是优于过去的自己，并不是一定要完美才行。

5. 毛巾架

用毛巾架来收纳毛巾非常有必要。冬天洗完澡，用热乎乎的浴巾包裹身体，想想就很温暖。如果卫生间中有暖气片，可以将暖气片作为毛巾架；如果卫生间中没有暖气片或暖气片上无法挂毛巾，就需要自己加装毛巾架啦，记得预留插座的位置。

6. 马桶喷枪

马桶喷枪对卫生清洁非常有帮助，放置在马桶旁边，可以清洁马桶和地面。

7. 消毒净化

卫生间的空间往往比较小且比较潮湿，有时甚至会出现异味，在买房子的时候，要尽量选择"明厨明卫"的户型，所谓"明"，就是有窗户，没有窗户的卫生间，通风效果非常差，容易滋生各种细菌。

地漏的选择也很关键，要选择下水快、不易堵、带有防臭装置的地漏，并且要定期彻底清洁地漏，可以往地漏里灌一些消毒液或专用清洁剂。

生活小妙招

可以在卫生间里放一些消毒、杀菌、除臭的小工具或香薰，让卫生间保持干净。

第 4 节
阳台这么安排，实用又美观

阳台存放的物品主要分为三大类，第一类是洗衣机、烘干机、热水器水箱等大型电器，第二类是各种工具及存货，第三类是绿植。

当然，除此之外，还可以在阳台摆放工作桌、小茶台、读书角等，但前提是收纳好以上三大类物品。

1. 大型电器

如果空间足够，在阳台放置洗衣机、烘干机是非常有必要且非常方便的。除了大洗衣机，还可以放置一个专门用于洗宝宝的衣物和贴身衣物的壁挂式小洗衣机，在阳台完成洗、烘、晒的全部步骤。

　　配套的储物柜也必不可少，可以就近放置柜子、货架、夹缝收纳车，存放洗衣液、柔顺剂等清洁用品。

温馨小提示

　　上图绘制的是宜家艾格特系列家居，现在已经更新为博阿克塞系列。两个系列家居的本质储物方式没有不同，博阿克塞系列家居的线条更细腻，配件更多，可以看作艾格特系列的升级版。我非常推荐这个储物系统，因为所有的配件及配件高度都是可以灵活调节的，后面的章节中将会进行详细介绍。

生活小妙招

　　可以在阳台固定一个简简单单的置物架，用来收纳衣架，阳台会瞬间变得整洁不少。

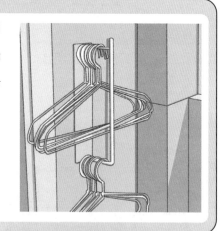

　　关于热水器水箱这个大家伙，我推荐从阳台上"移除"。因为现在有更加智能的燃气热水器，无论是从使用体验还是空间收纳方面来看，都优于太阳能热水器。将热水器水箱移除后，可以做一个大大的柜子，用来存放物品，如各种生活必备物品。

　　现在的楼房很多都配备了太阳能热水器，很多人不愿意拆，觉得非常浪费，但每到冬天，都有人抱怨水温不够，还需要插电，且水箱不够大。而燃气热水器的优点太多了，无须等待漫长的烧水时间，无须担心水箱的水不够用，即开即用，热水源源不断，能极大地提升生活的幸福感。

2. 工具类收纳

在阳台存放清洁工具是非常方便和常见的做法。现在常用的清洁工具不仅有笤帚和拖把，还有吸尘器、蒸汽机、扫地机器人、挂烫机等各种电器。

由于卫生间空间小且潮湿，很难存放电器类的清洁工具，而阳台是个不错的选择。

可以采用开放式的收纳方式，利用一块洞洞板进行收纳。

如果担心灰尘问题，想要把所有清洁工具集中收纳在阳台储物柜中，那么前期的规划就非常重要！柜子的高度必须足够摆放被收纳的物品。另外，在柜子里安装内置电源，可以实现吸尘器的收纳和充电同时进行。

　　收纳柜里没有预留电源是很麻烦的事情。如果要给其中的电器充电，就要单独接电源线，既不美观也不方便。

第 5 节
"爱好专区"才是最好的居心地

关于"爱好"，我先讲几个例子。

C 先生是个酷爱电影的人，日常工作非常繁忙且和电影无关。有一次见面，他给我看了一个 Excel 表格，表格中详细记录了他看过的 2000 多部电影，包括电影的名字、年份、国家、导演、获得奖项、类型，还有自己对电影的评分。

C 先生对表格中的电影如数家珍，为我介绍了很多关于电影的知识，让我感受到，把自己的兴趣爱好"整理"好，会让人散发出快乐的光芒。那些敲进表格里的文字，连带着当时的思绪，一起沉淀成了一个人的阅历与学识。太有趣的灵魂，才会做这些"无用"的事情。

这里的"无用"，是"自由而无用"——自由指思想能在任意的时间与空间范围内恣意游走，不受羁绊；无用指对现实功名利禄的刻意疏离。在 C 先生的身上，我看到了"把生命浪费在美好的事情上"的向往与追求。

H 先生是我的一个亲戚，他家的阳台小小的，但还是在角落里做了一个读书角，阳台上还放了一个茶几，喝茶、看书，就是他的业余生活。

他从没"晒"过自己看了多少书，可我知道他的学识真的很渊博。

我的宝宝刚出生的时候，大家都会问宝宝叫什么名字，我说出"星鹭"后，所有人都会问我"星鹭"的含义，只有 H 先生问我是不是"彩舟云淡，星河鹭起，画图难足"的"星鹭"，让我对他的崇拜之情油然而生。

业余时间他还做过一个拆解成语的公众号，介绍成语的典故、来历。把爱好整理好，真的很厉害。

C 小姐曾租住了一套两居室的房子，其中一间卧室专门用来存放杂物，直到她搬家的时候，才发觉杂物间里的物品全都"只进不出"，放进去后就再也不会拿出来。于是她搬家时下定决心做了断舍离，新家同样是两居室，比以前的小一些，但是这次，她没有设置杂物间，而是专门设置了一间瑜伽室。

刚开始，瑜伽室里只有一张瑜伽垫和一个瑜伽球，很简陋。慢慢地，瑜伽室中装了宽大的镜子，可以观察自己的体态；装了五斗柜，用来存放瑜伽服；装了空调，可以模拟"高温瑜伽"的环境。最后甚至装了瑜伽吊床，可以在家做反重力瑜伽。

随着装备越来越齐全,C小姐对瑜伽的热情也一天天上涨,对她而言,不是需要坚持练瑜伽,而是"终于忙完工作,可以练瑜伽了",这是一种期待。随着瑜伽室一同日益完善的,还有她的体态和气色。把时间花在哪里,结果就会体现在哪里,就像一句歌词说的,人生没有白走的路,每一步都算数。

当我们延续过往的生活方式时,总觉得家里需要储藏室,甚至不惜做了一个大面积的储藏室,只需要下定决心断舍离,就会发现,储藏室的空间完全可以用于为自己打造一个"爱好专区",如茶室、书房、影音室、游戏厅、化妆间等。

当然,并不是说必须有"一间屋子",才能打造自己的居心地。居心地无关大小,更注重"感觉"。

一张地毯、一个懒人沙发,就可以是安静看书的居心地;一个飘窗茶几、一套茶具,就可以是悠闲喝茶的居心地;一张桌子、一盏灯,就可以是精心护肤的居心地;一个画架、一套纸笔,就可以是惬意画画的居心地。

认真"整理"好自己的爱好，是一件特别美好的事情。有人会说："我也想整理，但是还没有养成好习惯。"其实，我从不认为养成习惯需要21天。养成习惯可以是一瞬间的事情，当你在某一瞬间下定决心要做一件事，就一定能做到。

好习惯和爱好也从来不是需要坚持的。"坚持"一词总是带有"苦心经营，努力维持"的意味，而一个人为自己的爱好付出，从来都是乐在其中，享受其中，一旦喜欢上什么事情，就会有很多能量去做这件事。

"吸引力法则"说，你是什么样的人，就会吸引什么样的人和事物。所有你遇到的人，发生的事情，其实都是你自身吸引来的。

人和兴趣爱好就是相互吸引的。比如我最近入了"猫坑"，对养猫的热情空前高涨，专门在家开辟了养猫的场地，将猫砂、猫粮、猫爬架、猫窝、猫厕所如何收纳和摆放研究得明明白白，养猫的攻略也一点都没落下。培养一个新爱好，真的太能提升生活的幸福感了。

作为从小被禁止养宠物的人，没有养过自己的宠物，是我童年的遗憾。养猫也是机缘巧合，在我遇到一个很纠结、不敢面对的事情的时候，看到了朋友圈的招领信息，当时我想，既然没有勇气做那件事，那就给自己一点勇气养猫吧。当我培养了这个新兴趣后，发现生活并没有天翻地覆，而是一切如常，原来以前的我只是欠缺了一点勇气。

无论你有什么样的兴趣爱好，只要你下定决心，在家用心打造关于"爱好"的居心地，幸福就会伴随你一生！

第 6 节
储藏室也不能成为"颜值死角"

尽管我个人不太认可储藏室，但还是有很多人喜欢储藏室的超强储物能力。如果储藏室能发挥作用，那也是好事一桩。储藏室不能成为颜值死角，究竟该如何收纳呢？

货架式收纳是收纳界"扫地僧"一般的存在，其收纳能力惊人，却低调得容易让人忽视。本节为大家介绍几款货架。

String 是一个创立于 1949 年的瑞典家居品牌，该品牌的置物架两侧由轻巧的金属网架固定在墙面上，中间由若干块层板自由组合拼装。薄薄的网架侧板、小而轻巧的层板，如此简单、不起眼的组合，却成了二十世纪家居中最重要的代表性设计之一。

　　这种简约的款式非常适合在家中的办公区使用，层板高度灵活可调节，摆件、书籍都可以收纳，兼具实用性和美观性。String 不仅有墙面置物架，还有 String Work 系列，可以搭配同系列办公桌，打造一个简洁又实用的工作台。

　　货架式收纳另一个不得不提的品牌就是宜家了。对于宜家的博阿克塞系列，也许大家感到很陌生，其实它的前身就是大名鼎鼎的艾格特系列。

　　艾格特系列家居的应用场景非常广泛，可以用来做衣橱收纳、阳台收纳、卫生间收纳等。

　　艾格特系列家居有若干个固定在墙面上的竖条形带孔铁条，配件可以任意安装在侧面的孔上。用于安装的孔有一排，因此配件的安装高度可以自由调节。配件包括层板、拉篮等。

　　艾格特系列升级为博阿克塞系列后，家居的设计思路没有发生变化，但整体比艾格特系列精致了许多，置物架的材质也多了木材可以选择。木材比金属更有温度和质感，适合做整体衣柜，而金属置物架则适合用于阳台收纳、储物间收纳。

　　如果说前面两个来自瑞典的品牌适合北欧风格装修的家的话，那无印良品则更适合日式风格装修的家。

　　无印良品总给人一种踏实、安心、平静的感觉，而且，无印良品的货架不需要借助墙面安装，直接摆放在地面上即可，安装更加便捷。

　　以上三款货架有一个共同的优点，就是层板高度可以灵活调节。这样设计的货架的适用范围比较广，也能应对随着生活改变而带来的储物空间的调整需求。

　　货架式收纳不仅仅适用于储藏室，如果喜欢"工业风"的感觉，也可以直接在家里做储物空间。如果在厨房里放置一个货架，摆上各种好看的锅具，不但收纳方便，还会让人感觉非常有烟火气。

　　即使是储藏室，也不能成为颜值死角。好好打理储藏室，让它整整齐齐、清清爽爽，迎接我们每一次储物和拿取！

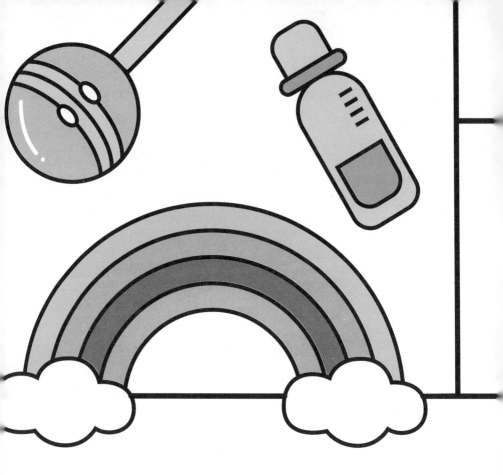

　　宝宝是一个神奇的存在，一旦降生，家里瞬间就被点亮了，热热闹闹、欢欢喜喜的烟火气随之而来，物品数量也会激增。

　　面对这种甜蜜的负担，该怎么办呢？本节会从各个方面讲解有了孩子之后的收纳方式及注意事项。

05
CHAPTER

亲子收纳,
让孩子更快乐

第 1 节

反思：有了孩子，家里就会"乱炸了"吗？

"收纳"这个词，总让人想起"收拾"，看起来不过是一项简单而枯燥的家务劳动。但是，这件看似简单的小事，却包含了集合、构成、分类、选择及取舍等诸多过程。《藏在习惯里的成长密码》中提到：不善于整理东西的人缺乏语文等构思力，缺乏全局意识、排序意识。

在学习如何指导孩子进行收纳之前，先思考一下为什么家里总会有超量的儿童物品呢？

物品是人的映射，分析一个人拥有的物品，能看出这个人的心理状态。以儿童玩具为例，家长买玩具的心理可能有以下几种：

※ 我小时候没玩过这么多玩具，现在条件好了，多给孩子买点。

※ 赶紧买了，解决掉这个磨人的小妖精。

※ 别的小朋友都有，我不能让我家孩子没有。

※ 多买点玩具，开发智力。

※ 没时间陪孩子，买点玩具弥补一下。

……

　　无论哪种心理，都不能成为超量购买玩具的借口。对于索要玩具的孩子来说，"即刻满足"无疑是一种毒药。很多有意义的事情，回报周期都是很长的，比如看书、健身等，做一次、两次，无法立刻获得收益。而放纵却可以得到即刻的满足，如刷刷手机，就可以获得追剧的快乐。

　　从小就被"即刻满足"的孩子，将来很难长久地坚持做有意义的事情，也体会不到经历长久的等待后达成目标的满足感。

　　所以家长要从小培养孩子的自控能力，从生活中的小事做起，学会"延迟满足"的技巧，让孩子学会等待，提高自我控制能力。

　　自我控制能力是人有意识地调节自己的情绪、语言、行为的一种能力，是情商的重要组成部分。缺乏自我控制能力的人，做事只顾眼前利益，不计后果；当无法达到自己的预期时，不能保持情绪稳定，容易悲观沮丧，一蹶不振，怨天尤人。

　　很多家长买了一大堆玩具，却懒得花时间陪玩、陪聊，即使是和孩子在一起，也是刷着手机、看着微博进行"低效陪伴"。

　　如果家长能更多地和孩子互动，带领孩子认认真真地玩每个玩具，珍惜每个玩具，不肆意增加玩具数量，养成良好的玩具收纳习惯，家里是不会乱作一团的。

　　小孩子是一种"神奇"的生物，模仿能力特别强！如果爸爸妈妈在家经常看书、收纳整理，那小孩子也会有样学样，学着大人的样子做事。

　　我推崇的育儿理念是"如果复印件错了，那一定是原件有问题"。育儿也为父母提供了自我成长的机会。当父母抱怨孩子邋遢、不愿收拾自己的物品时，可以想想自己是否为孩子树立了榜样。

　　不是育儿专家的我，也在不断学习育儿知识，蒙台梭利教育法主张：

※ 2~3 岁 建立时间和空间感的关键期

※ 2~3 岁 培养规则意识的关键期

※ 3 岁 培养动手能力及独立生活能力的关键期

在这些儿童成长的关键时期，爸爸妈妈的行为引导非常重要。所以当你想要解决一些表象问题的时候，要寻找问题的根源。

如今，我们越来越重视收纳整理方面的生活技能的培育，要求小学低年级学生学会个人物品的整理、清洗，进行简单的家庭清扫和垃圾分类，树立"自己的事情自己做"的意识，提高生活自理能力；中高年级学生要参与家居清洁、收纳整理、制作简单的家常餐等，每年学会 1~2 项生活技能，提高生活自理能力。

父母在抱怨孩子不会收纳，总是搞得一团糟之前，一定要先问问自己，有没有耐心地指导孩子如何收纳，有没有以身作则，积极努力地生活，有没有树立正确的观念。"耐心指导"的意思是，要教会孩子究竟该如何做，而不是抱怨"你看看你屋子乱的，快收拾收拾"。这种抱怨起不到任何作用，也不能给予任何实质性的指导，让孩子对收纳还是无从下手。

《你当像鸟飞往你的山》《无声告白》《陪孩子终身成长》是我非常推荐给父母看的书，这些书不直接教育儿，更不直接教收纳，但是能让人产生一种强烈的"我要当一个好家长"的决心，这种信念是尤为珍贵的。如果孩子看到父母努力工作、认真生活，也会学会如何对待自己，对待生活。

第2节
做法：给孩子创造一个盛满快乐的小屋

在学习亲子收纳技巧之前，首先思考一下，我们到底为什么想学会这些收纳方法，是为了让家里一尘不染吗？其实，与拥有一个整齐的环境相比，更重要的是，让孩子拥有一个盛满快乐的小屋。在这个快乐小屋里，孩子的精神是无拘无束的，在这里，孩子不但可以学会如何照顾好自己和自己的物品，而且乐在其中。

然而，想要让孩子乐在其中，也并非易事。为什么小孩子总是情绪化、不讲道理、不守规矩呢？这是因为大部分孩子是右脑偏好者，主要依靠"下层大脑"来思考，所以"遵守秩序"对孩子来说是一个巨大的挑战。

大脑可以分为左右脑和上下脑。左脑偏好者严谨、思维缜密，右脑偏好者随性、自由。下层大脑控制呼吸、吞咽、吃喝、情绪等方面，上层大脑控制思考、规划、同理心、自我管理等方面。

小孩子的上层大脑相当于"待开垦地"，因此会表现出情绪化、不讲道理、不守秩序、不能进行自我管理的特点。

即使是成年人，上层大脑的开发程度也不同，这样一来，人和人思想的深浅、情商的高低、执行力的强弱等诸多方面都会有差异。

从生活小事入手，通过整理自己的物品，培养秩序感，可以帮助宝宝加强左右脑交流，开发大脑。

培养孩子的秩序感，可以着重关注以下几个方面。

（1）做事的顺序——为日常行为设置步骤。

（2）时间的先后——制订规律的作息计划。

（3）物体的排列——创造整齐有序的环境。

最"头疼"的玩具收纳，其实可以变成育儿场景。让孩子参与其中，先对自己的玩具进行分类，再收纳整理。

培养孩子的收纳能力可以从2岁左右开始，这个过程可以很好地培养宝宝的"区辨"能力。什么是"区辨"能力？就是能区分出事物和事物的不同，并进行分辨的能力，也可以称为"判断力"。

我们的人生，不就是由一个又一个选择和判断决定的吗？有"区辨"能力的人，总能清晰地知道什么才是正确的，有自己的想法，进而做出合理的判断，不会盲目地服从于其他人。

家长要充分地"放权"，让宝宝自己决定留下哪些玩具、分享哪些玩具、怎么分类玩具、如何收拾玩具。家长只需要在旁边适当地引导。

不要剥夺孩子对生活的体验，做那种"亲手折断孩子的翅膀，却还想让他飞翔"的家长。

比如，大人也许习惯把玩具分为小画书、模型、布娃娃等类别，但是孩子可能不会按这个标准来分，而是按颜色分、按大小分，甚至是看不出什么逻辑的分类方式。我们能做的，就是包容和支持孩子的选择。

与拥有一个整洁有序的房间相比，我更希望拥有一个有主见的孩子。大人对孩子的教育，一定不能是"灌输"，而应该是"引导"。

在我的宝宝还很小的时候，我发现我婆婆特别喜欢替宝宝回答问题。比如我问宝宝："这个好吃吗？"还不等宝宝回答，婆婆先抢了话，说："跟妈妈说好吃。"然后宝宝就会说好吃。婆婆的引导方式，让宝宝变成了一个不思考的复读机。这样即使宝宝按照要求说了你想听的，他也并没有实际的参与感。

同样，在指导小朋友收纳的时候，很多家长喜欢一边抱怨一边自己动手，却没有让孩子参与其中。孩子只是听到了一些抱怨，看到了家长不断忙碌的身影，这个过程带给他的不是快乐而是痛苦，只会让孩子排斥收纳。

帮助孩子建立收纳意识一定不能走向另一个极端，即规定所有的物品都该如何摆放，并要求孩子必须听话照做。应该让孩子自主决定如何收纳，自己享受这个过程。

第3节
目标：和孩子一起自由自在地生活

当了妈妈之后会发现，需要"恶补"的知识太多了，连家居空间的布置和玩具、绘本的挑选都有大学问。当一个女人晋升为新手妈妈后，看到什么宝宝可能喜欢的小玩意儿，都会忍不住买下来。后来发现，宝宝很快就会对这些玩具失去兴趣，反而家里的一根绳子、一张卡片，能让宝宝饶有兴趣地玩很久。

摇摇铃、小摆件之类的玩具，会让宝宝很快失去探索的乐趣，可玩性不高。哪怕是花费很多钱买下的玩具，都可能被闲置。而绳子之类的玩具，由于可以自由变换形状，能长时间吸引宝宝的兴趣。

在儿童房里摆放孩子伸手就能拿到衣服的衣架，孩子每天都可以开心地选择自己想穿的衣服。

　　这种衣架不同于传统的大衣橱，是开放的空间，孩子每天可以方便地自己挑选衣服搭配。以我的宝宝为例，虽然她喜欢的元素——小碎花、亮闪闪、鲜艳的颜色，我都不喜欢，但我会尊重她的选择，除非她选了反季节的衣服，我一般都不会干涉她。

　　如果总是否定孩子的做法和感受，孩子可能就不愿意表达自我了，也就失去了最宝贵的个人主见。

　　我在宝宝的房间里还放了一整排低矮的玩具架，她可以任意取放各种玩具；房间里还有由小沙发、小坐垫组成的图书角。

　　这些低矮的、自由的、开放的空间，可以给孩子更多尝试和动手的机会，符合"家具是服务于儿童的"理念。

第4节

收纳：学会这些，让收纳不再"头疼"

1. 收纳技巧

对于孩子的玩具和个人物品的收纳，同样要遵循"取出、分类、定位、放回"的收纳大原则。

可以带宝宝一起参与对物品的"取出、分类、定位、放回"的整理，引导宝宝学习给物品分类。宝宝的想法天马行空，却有自己的逻辑，非常有趣。

你可以站在宝宝的视角，蹲下来和宝宝交流，就会发现，原来宝宝眼里的世界真的有另外一番模样。我们常说"同理心""共情力"，当你真正站在对方的位置的时候，才能看到他所看到的世界，才会试着以他的视角看问题。只要耐心地加以指导，宝宝也会享受跟爸爸妈妈一起收纳的过程。

对于4岁以上的孩子，还可以让他参与"家庭收纳会议"，一家人共同探讨家里的布局和收纳该如何改进。让孩子从一个参与者成长为一次会议的主持人，可以锻炼孩子各方面的技能，如沟通、协调、记录、主持、平衡等，还能"顺便"学会收纳整理。

2. 衣服收纳

孩子的衣服的收纳一定要以悬挂为主！叠衣服对大人来说都是"麻烦事"，更何况是孩子。选择悬挂为主的衣橱，可以把晒好的衣服直接挂进衣橱，一步到位地收纳起来，也方便宝宝挑选自己想穿的衣服。

挂衣杆的高度要灵活、可调节，定制衣橱的时候，记得让橱柜定制厂商"打排钻"，也就是在衣橱的侧面打一排孔，可以自由、灵活地调节置物层板和挂杆的高度。

对于小物件，如内衣、袜子、口水巾、抱毯等，可以用小推车或五斗柜进行收纳，或者在衣橱里设计相应的抽屉区域。

这些收纳空间的内部，也要注意采用竖立式的收纳方式整理物品，不要将衣物堆叠在一起。早在3岁时，宝宝就有了秩序感，相信一个井然有序的环境会守护好宝宝的这份秩序感，伴随他的一生。

3. 玩具收纳

每个宝宝的玩具都不一样，有的宝宝喜欢玩具车，家里有各式各样、大大小小的玩具车，有的宝宝喜欢娃娃、乐高、积木等。

无论什么样的玩具，在购置玩具收纳架的时候，都要遵循"好取、好放"的原则，不要选择太复杂的构造，也不要选择叠加收纳箱的款式。

像上图中这种带有一定倾斜角的玩具收纳架，可以让宝宝的玩具一目了然地展示出来，也很好取物。然而这种玩具收纳架的缺点也是显而易见的，那就是对于稍微大一点的玩具的收纳束手无策。

另外一种收纳玩具的方法是我目前见过的最"高效"的收纳方法，那就是将多种高度的抽屉组合。高度低的抽屉可以放一些小件的玩具，而高度高的抽屉则可以放大件玩具。这种玩具架的储物能力一流，颜值也颇高，唯一的美中不足就是无法直接看到各个抽屉中收纳了什么玩具。不过，我们可以用"贴标签"的方式让其储物空间变得"可视化"。大人习惯看文字标签，而小孩即使认识字，对文字的接受度也没有那么高，因此可以用卡通画或照片代替文字作为标签。

4. 书籍收纳

孩子的年龄不同，选择的书架也是不同的。在宝宝年龄较小尚不识字的时候，需要将书的封面展示出来，方便宝宝看图选书。

当然，这样摆放书必然会造成空间浪费。可以将展示区和储物区结合，比如下图中这种书架，柜门是可以推动的，可以作为书籍展示区，摆放宝宝常读的书籍；内部储物区则正常地竖立式摆放书籍。内部储物区和门上展示区的书籍可以轮换摆放。

另外，与书籍相关的识字卡片、知识卡片等，可以利用挂篮增加储物空间，再用收纳盒进行收纳整理。

有了孩子之后，家里经常像个"战场"，到处都是孩子的玩具。但我并不觉得这种混乱让人烦恼，而是感觉这是宝宝带来的"有温度的人间烟火气"。不过，我也不会完全放任不管，我的底线就是"10 分钟之内可以解决这些混乱"。

你也可以试着以此为标准，检验自己家里的收纳系统设计得是否合理，如果可以轻松地在 10 分钟之内让原本混乱的一切物品恢复秩序，那答案就是肯定的。

一起来练习+

试一试，能不能在 10 分钟之内收拾好全屋呢？

除了"10 分钟解决混乱"这样的"准绳"，还可以给自己规定一些家庭收纳整理的规则，比如"每周深度打扫一个区域"。这样长期坚持下来，会发现家里的里里外外都是干净整洁的，又无须花费太多的时间去维护和打扫。这个小技巧真的非常有效！我把家里的区域划分为厨房、书房、卫生间、主卧、餐厅、客厅、宝宝屋、阳台，根据深度清洁的难易程度交叉排序（如困难，容易，困难，容易……），每个周末深度清洁一个相应的区域，坚持下来发现，家里真的太干净了。至于清洁打扫的方法，我推荐阅读《这样打扫不生病》一书，可以给人很多启发。

第 5 节

流通：不玩的玩具别在储藏室"吃灰"，这样处理！

让小孩子扔掉玩具很难，事实上对于孩子的玩具来说，也不提倡"扔"和"断舍离"，因为孩子的内心非常单纯、柔软，对物品寄托了很多个人情感，甚至会将物品视为朋友。我女儿总会把好吃的、好玩的分给她最爱的几个娃娃，甚至在喝奶之前，还会让金宝贝、熊爸爸、小螃蟹等一众"小伙伴"先喝。

孩子经常会跟自己的玩具对话，玩具之于孩子，更像是玩伴，所以家长不能武断地让孩子扔掉玩具，也不能偷偷扔掉。

应该让孩子学会珍惜物品、分享物品，如果真的需要扔掉某些物品，在扔之前也要认真地和物品道别。每个人都应该学会惜物，从对物品的珍视中体会生活的美好。这种"珍惜"的能力会伴随孩子一生，让孩子以后面对自己遇见的人和事，也懂得珍惜。

如果有需要淘汰的衣物、玩具，记得先跟孩子沟通一下原因，告诉他为什么要和这些物品道别，再让孩子跟物品道别。

我女儿以前非常喜欢她的每一件衣服，即使穿不了了也不舍得扔掉。

我会耐心告诉她，这件衣服太小了，你已经长大了，需要穿大号的衣服，小了的衣服可以送给小妹妹。刚开始她会很疑惑，后来慢慢地理解了，还会问我"送给谁呀？""然后呢？""给金宝贝吧！"

她会在这个过程中明白，物品对她的陪伴只是一时的，而不是永久的，这样就更会珍惜陪在她身边的物品了。

闲置的物品除了转赠他人，还可以通过二手平台来处理。处理闲置物品，最重要的并不是"卖多少钱"，而是"快速妥善地处理"。

可能有人会问，为什么不直接丢掉呢？这里不得不说一说环保和慈善的问题。如果随意地把闲置物品丢弃，是很不环保的。尤其在还没有实行垃圾分类的地区，可能这些闲置物品就被混合丢弃了，没办法再发挥价值，并且会给环境带来很大负担。

在我们被"衣服山"困扰的时候，在我们即使不停地断舍离也跟不上购买速度的时候，在我们纠结该穿哪一件衣服的时候，还有很多人没有合身、保暖的衣服穿。

而如果可以妥善回收这些闲置物品，再送给有需要的人，不但不破坏环境，还能让物品继续发挥它的价值，岂不是一举多得。

最大的浪费，是让物品处于"无用"的状态，无论是不舍得使用还是随意丢弃，只要物品处于这种"无用"的状态，都会造成浪费。

如果小区里有旧物回收站或衣物回收箱，那再好不过了；如果没有，可以借助处理二手闲置物品的平台，让对我们无用的物品在别处发挥价值。以下是一些常用的二手交易平台。

※ 闲鱼：阿里巴巴旗下的闲置物品交易平台，品类齐全。

※ 转转：数码产品多，母婴用品较少，男性用户多。

※ 断舍哩：品类全，只送不卖，买家只需支付运费即可。

※ 飞蚂蚁：专门收旧书、旧衣服等，可以上门回收，主打公益捐赠。

※ 咕哩闲置母婴：母婴闲置物品交易平台，免费上门取货。

※ 多抓鱼：二手书回收和售卖平台。

※ 只二：奢侈品闲置交易平台。

另外，我看到过一个博主的做法，让人感觉非常温暖。她给孩子的闲置玩具做了一个"中转箱"，放在小区楼下的游乐区，箱子上写着"玩具已消毒，有需要可以取走"。这样既解决了玩具流通的难题，又能减少"丢弃物品"带来的负罪感。这些玩具被悉心对待，完成了一段使命之后，又被另一个喜欢它的小朋友拿走，继续发挥价值，给另一个小朋友带去欢乐，既环保又有意义。

稻盛和夫说："理解工作的意义，全身心投入工作，你就能拥有幸福的人生。"

无论什么工作，只要全力以赴，都能收获很强的成就感，而且会激发"向下一个目标挑战"的斗志。工作不仅仅是谋生的方式，更是我们和这个世界连接的桥梁。

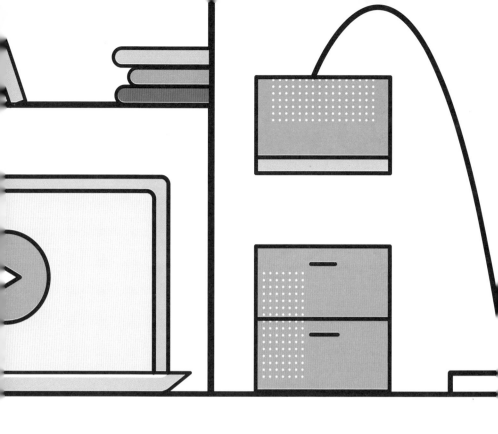

06
CHAPTER

工作收纳，
让工作更高效

第 1 节

构建一个外挂大脑：学会整理工作资料

俗话说"好记性不如烂笔头"。大脑最重要的功能是思考，而不是记忆。当我们的脑海里有太多需要记忆的东西时，会占据我们的思绪，影响我们思考。把信息记录下来，放空大脑，让大脑全力以赴地思考和创造，才能产生更大的价值。

现在的人习惯"Mark 一下"，随手记录，然而这种"随手收藏"式的记录，却对我们构建"外挂大脑"无益。

我们扪心自问，收藏了就等于学会了？收藏了就等于做过了？收藏了就等于懂得了？事实上，我们的收藏夹里往往凌乱不堪，想要调取信息时非常不方便，久而久之，收藏的内容全部在"睡大觉"。

想要解放我们的大脑，拥有成体系的收藏宝库，可以借助一些笔记类 APP，我推荐使用印象笔记。

虽然我用印象笔记的时间很早，却一直不得要领，没有感受到它的魅力。

后来，我决定认真研究一下印象笔记的用法，于是我看了很多相关的笔记，一点点地学习和实践，终于体会到了这款软件的强大！

用印象笔记来收纳整理电子资料，和有形物品的收纳方法是相通的。如今我们被各种各样的信息包围着，有些有用，有些无用，像极了我们家里囤放的各种物品，杂乱无章，取用也非常不方便。

印象笔记最重要的功能就是分类收集信息，每一份信息就是一个"笔记"。笔记可以是一篇文章、一段话、一个文件、一段语音、一张照片，形式非常多样。我们需要把这些繁杂的信息进行分类整理。

1. 学会分类

我们对笔记乃至任何事情进行分类，其实都体现着我们的认知和思维方式。

结构化思维的人擅长分类，即使没有学习过收纳整理，家里一般也不会太乱，给笔记分类这种事也能轻松完成。发散性思维的人，容易分散注意力，分类的能力比较差。不过，分类的能力也是可以培养的。

当我们对一件事物的认知足够清晰时，分类也自然就清晰了。

分类之前，要先弄清楚印象笔记的基本框架和逻辑。印象笔记的框架分三个等级，分别是笔记本组、笔记本、笔记。一个笔记本组中包含多个笔记本，每个笔记本里有很多笔记。

很多人使用印象笔记时分类太过随意，想到一个事项就新建一个笔记本，导致笔记本数量有上百个，彼此还相互重叠。当不清楚一个笔记应该归为哪一类时，就会建立一个名为"其他"的笔记本。然后，这个"其他"笔记本就成了常用资料聚集地，其余分类则形同虚设。这就如同在家里放了很多收纳盒，想要把家变整洁，可是实际上，放在收纳盒里的东西躺着睡大觉，很长时间派不上用场，不但占据空间，还会布满灰尘，而常用的东西还是凌乱地摆放在外面。

我们可以用"00，10，20，30……"标记笔记本组的名称，这样能让笔记本组有一个合适的顺序，比如我的笔记本组被标记为"00 inbox，10 工作，20 学习，30 生活"。在每个笔记本组中，再对笔记本进行排序，比如"00 inbox"这个笔记本组中，又分为"01 日常灵感，02 微信，03 得到，04 印象识堂"。来不及分类的各种信息，都汇聚在"inbox"的"日常灵感"中；其余三个笔记本是系统自动生成的，区分了信息来源的不同渠道。我会定期把"inbox"中的信息重新分类，再放进其余相应的笔记本。

再如"30 生活"笔记本组中，又分了"31 健身，32 养生，33 护肤，34 穿搭，35 想买，36 孩子相关"几个笔记本。"31 健身"笔记本里的笔记记录了我的健身照片、运动感悟。因为这个笔记本，我对健身也多了一分期待。

♥温馨小提示♥

如果笔记本组中的笔记本数量较多，可以将笔记本组编号设置为三位数，如"000，100，200，300……"，这样每个笔记本组中，笔记本的编号就可以一直编到99，如编号"200"的笔记本组中，笔记本的编号分别为"201，202，203……"，以此类推，直至"299"。

在手机上安装印象笔记，然后试着给自己的笔记分类吧！

2. 学会收集信息

将笔记本组和笔记本分类完毕后，我们会慢慢用笔记将这些笔记本填充起来。这些笔记，有的是我们自己创建的，如随手记录的灵感、工作计划、想买的物品清单、日记随笔等；还有一大部分笔记是我们收集来的信息，如在网上看到的文章、他人分享的健身技巧、好看的摄影作品等，这些内容都可以收集进印象笔记。

怎么才能将这些内容按照自己的需求，分门别类地整理好呢？

印象笔记可以和微信、微博、得到等 APP 建立关联。

微信关注"我的印象笔记"公众号，读到好的文章，点击"复制链接"，把文章链接粘贴至"我的印象笔记"公众号对话框，就可以自动保存文章了。保存的文章会自动放进印象笔记中的"微信"笔记本中。

从微博收集信息，直接在想要收藏的那条微博的评论区"@ 我的印象笔记"即可。如果担心这样做会打扰原作者，可以转发该微博后再评论自己的微博。

印象识堂和得到 APP 里的信息收集起来更加容易，只需提前建立好关联关系，然后一键分享即可。

其余的资料，如截图、网页链接等，也都可以自己编辑笔记后保存在印象笔记里。

3. 规范的笔记标题和笔记内容

所有笔记一定要有清晰规范的标题，这对于我们进行后续的信息分类、归档、查找都十分方便。比如某一日写下了工作计划，如果用"下周计划"作为笔记标题，可想而知，后期完全无法通过标题得知笔记的内容。笔记标题中要标明时间段，如"5.12—5.19| 周计划 | 线上课 | 写书 | 自媒体"，这样就写清楚了日期、主题及包含的内容。

我们写标题时也许会感觉麻烦，但后续会节省非常多的时间。有时候人生也是如此，在一个地方偷懒，后期就要付出加倍的时间和努力。人生没有白走的路，每一步都算数，前期的勤快是为了后期的省事。

4. 标签系统的运用

现实生活中的各种事务，不可能只用单一维度来分类。比如，查理·芒格的《穷查理宝典》，可以归为励志类、成功类，也可以归为演讲类、故事类、投资类、书单类、金句类，甚至还可以归为查理·芒格类。再如厨房收纳的技巧，我可以把它归为"厨房收纳""灵感来源""线上课""自媒体运营"等不同的分类。

一篇笔记可能有不同的属性，怎么才能更快捷地检索到它呢？

这时候，就需要借助印象笔记中的另一套分类系统——标签。这套系统被我称为"隐藏大招"。只要用好标签，就可以使一篇笔记同时具备多重属性且能随时被找到。

学会给笔记"贴标签"并按照标签来搜索，你会打开一扇新世界的大门。

试试看，给每篇笔记加上"标签"吧！

5. 好用的小工具

用好印象笔记的基本功能，能切实地感受到印象笔记的强大。如果能用好印象笔记的小工具，则会有更多的惊喜。

（1）清单

在我初入职场的时候，对一切都懵懵懂懂，会偷偷学习干练的同事们的工作方法。我发现，高效的人都是"清单控"。

怎么利用好清单呢？说来也很简单，就是每天在本子上一项项地写下今日待办事项，列一个清单，完成一项就划掉一项。

这是以前的部门经理教给我的方法，我学会之后，这个简单高效的方法一直伴随着我。

打开印象笔记，点击界面上方的"清单"按钮，就可以列清单啦！

（2）思维导图

印象笔记里的思维导图结构非常简单，方便随时进行头脑风暴，帮助我们快速厘清思路。

用思维导图整理思路，就是一个站在宏观角度看事物结构的过程。如同画画要先画框架，写作要先列大纲。

在本书的编写过程中，每个章节的内容都是我先用印象笔记的思维导图列好架构，再填充相关内容，这样大大提升了编写的速度。

（3）Markdown

Markdown 是一个包含多个功能组件的按钮，我最常用的功能是"甘特图"。

甘特图的原理很简单，即以图示的方式，通过活动列表和时间刻度形象地展示出所有特定项目的活动顺序与持续时间。它可以直观地显示任务计划在什么时候进行，及实际进展与计划的对比，由此可便利地弄清一项任务（项目）还剩下哪些工作要做，并可评估工作进度。

甘特图可用于检查工作完成进度。当有多项任务需要同时进行的时候，甘特图就是一个很方便的助手，能够帮助我们梳理好时间安排，不遗漏相关的工作项。

印象笔记中自带的甘特图操作非常便捷，只需要输入开始时间、结束时间、工作项，系统就可以自动生成甘特图，多个工作项的时间进度一目了然。

第 2 节
要高效工作，就要学会整理时间

番茄工作法是意大利的弗朗西斯科·西里洛于 1992 年创立的。他原本是个重度拖延症患者，学习效率非常低。他时常苦恼于此，于是脑海中萌生了一个想法——我就不信我不能专注 10 分钟。

为了达成"专注 10 分钟"这个小目标，他找来形状像番茄的厨房定时器，设定倒计时 10 分钟，来督促自己保持专注。后来，他不断改进和完善这个方法，形成了番茄工作法。

番茄工作法的内核非常简单，就是通过倒计时让自己专注于当下的工作。一个普通的"番茄钟"，包括 25 分钟的专注工作时间和 5 分钟的休息时间。完成这半小时的安排，就算是完成了一个番茄钟。

番茄工作法有两大优势：一是把大任务拆解为番茄钟，可以有效化解大任务带给人的压迫感，缓解拖延症；二是以一个标准的番茄钟计时，能建立完成一个任务所需时间的"时间概念"，可以有效反映工作效率。

在使用这个"简陋"的番茄钟之前，我们还需要做一些准备工作。

1. 前期准备

准备两张计划表，一张是待办任务列表，另一张是番茄钟工作表。待办任务列表上记录了所有要做的任务，这些任务不仅包含当天的待办事项，也包含长期目标。而番茄钟工作表上则专门列出当天要完成的任务。普通工作计划表以完成每个任务为推进标志，而番茄工作表以完成番茄钟为标志。

2. 中期执行

（1）专注工作

运用番茄工作法，最重要的就是专注于当下的工作。然而工作时，难免会被打断。如果是被自己的想法和念头打断，那就立即把想法写在待办任务列表上，而不马上执行；如果是被外界因素打断，可以通过告知、协商、计划、答复四个步骤解决。

（2）确保休息

专注工作 25 分钟后，会有 5 分钟的休息时间，这时要果断停止工作，进入休息时间。这样做的目的是形成工作、休息的节奏感，保证大脑有精力完成后续的番茄钟。如果大脑持续高效工作，会丧失全局思考的能力。

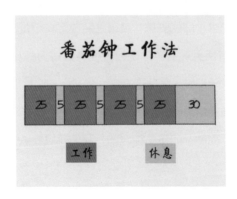

休息时尽量不思考，可以喝茶、冥想、闭目养神等。

3. 后期复盘

回顾一天的工作，把自己预估的番茄钟和实际的番茄钟做比较，找出差距，把经验总结并应用到下一天的番茄钟。

其实，番茄工作法的原理和戴明环类似。

戴明环又称 PDCA 循环，是管理学中的一个通用模型，P 是 Plan（制订计划）；D 是 Do（实施行动）；C 是 Check（检查成果）；A 是 Act（处理改进）。这是一个不断完善和优化的过程。

不过，番茄工作法的形式更加简单，适合新手尝试。可以在手机上下载番茄钟 APP，体验番茄工作法。

一起来练习+

下载番茄钟 APP，试试用番茄钟来管理一天的工作、学习计划，并在晚上进行复盘。

第 3 节

GoodNotes，让你发现宝藏的 APP

GoodNotes，绝对是我相见恨晚的宝藏 APP！

GoodNotes 可以在手机上使用，但将它安装在 iPad 上，再配上一支电容笔，使用更加方便。不过，这款 APP 是付费的，且只能在 iOS 系统的设备上使用。

通过 GoodNotes，把 iPad 变成学习和记录的神器，在各个方面提升自己的效率！

1. 看书，而不仅仅是看书

曾经有很长一段时间，我沉迷于看纸质书，喜欢一边看一边在书籍的空白处写下当时的感受。尽管 Kindle 和微信读书也可以标记、写想法、做书签等，可还是少了"笔划过纸面"的仪式感。但纸质书不方便随时携带，是阅读道路上的一大障碍。

GoodNotes 的阅读功能非常强大，只需要把电子版（PDF）书籍导入其中，就可以拥有"看纸质书"的畅快感觉。GoodNotes 中有"画笔""橡皮""荧光笔"等功能，用荧光笔画线，用画笔书写个人感受，即使画错了也可以用橡皮擦掉，完全复刻了看纸质书的行为习惯。

GoodNotes 中的收藏功能也很好用，当看到有共鸣或有启发的段落或页面时，直接点击"收藏"按钮，即可收藏。以后点开"收藏夹"，就可以看到之前收藏的内容，回忆全书的重点。

温馨小提示

　　在想要收藏的页面上可以写"大字报"标记本页重点，以后查看收藏夹的时候，可以在缩略图页面中一目了然地看到每一页的重点内容。

GoodNotes 的"索套"功能也很有意思，把书中的一句话圈起来，系统即可自动截图，图片还可以一键复制。也可以建立专门的笔记本，把书中的精华内容集中起来，还可以一键分享到印象笔记中收藏。

生活小妙招

　　利用"索套"功能整理错题非常方便！把试卷拍照或扫描成电子版，上传后就可以用索套功能收集错题部分，整理成错题本，方便定期回顾。

2. 电子手账——高效工作，快乐生活

想必每个人都经历过心无旁骛的时期，当心中只有一个目标的时候，即使没有学习过时间管理的知识，也能高效地完成各种任务。而当我们

心中没有了明确的目标，时间管理也就成了空谈。可见，制定目标十分重要。

曾经我喜欢在日历上写写画画，记录自己的工作计划和行程安排，也喜欢买手账本记录自己的生活。如今，这些操作都可以在 GoodNotes 中完成。

我在 GoodNotes 中建立了周历、月历，提前规划每周、每月想要达成的目标，方便随时查看，时常督促自己前进。

3. 涂鸦——收集工作灵感，收集日常瞬间

我哥哥是个连续创业者，他最喜欢用的工具就是白板和 A4 纸，常常一边涂涂画画一边整理自己的创业思路。

GoodNotes 能把这个过程电子化。新建笔记本，建立空白的页面，就可以写下自己的思路了。你还可以专门建立不同主题的"涂鸦"笔记本，分门别类地记录日常灵感。

生活小妙招

我在 GoodNotes 上建立了一个孩子画画用的涂鸦笔记本，当她有兴致的时候，就让她随心所欲地涂涂画画。尽管她的涂鸦只是一些乱糟糟的线条，我也会当成作品，在角落写上日期，并注明"糖糖画"。

第 4 节

在家办公，是神仙体验还是事倍功半？

随着自媒体行业的发展，越来越多的人选择在家办公，做一个自由职业者。并且，受到新冠肺炎疫情的影响，很多人不得不在家办公。借此机会，我们可以审视自己家的办公场所，在家办公到底是神仙体验还是事倍功半呢？这很大程度上取决于家里的办公环境。

办公场所未必需要是单独的书房或工作室，但要保持足够整洁。

办公区域的布置，也会直接影响工作效率。只需几个简单的方法，就可以把办公区域中杂乱无章的物品收纳整理好。

1. 墙面收纳的几种方式

（1）洞洞板

万能的收纳神器洞洞板又出场了！之所以多次推荐洞洞板，是因为洞洞板灵活可变，可以满足储物空间的个性化设计。

洞洞板的样式和大小可以根据墙面的实际尺寸选择。洞洞板一般会搭配置物架、挂钩、挂篮等配件，可以摆放书籍、摆件、便笺、数据线、耳机等办公相关物品。

（2）层板置物架

层板置物架非常适合在家中的办公区使用，层板高度灵活、可调节，摆件、书籍都可以收纳，兼具实用和美观的特点。

　　用层板置物架搭配同系列办公桌，可以打造一个简洁又实用的工作台。

　　（3）软木墙板

　　软木墙板是另一种"灵活收纳"的典范，非常适合存放照片和便笺。在家办公的"特权"之一就是可以随心所欲地装饰办公桌，用家人的照片制作照片墙就是不错的选择。当然，软木墙板的面积不宜过大，用于点缀即可，可以和其他置物工具搭配使用。

（4）吊柜

墙面上的吊柜一般用于存放书籍，也有部分进深比较深的吊柜用于存放摆件、文件等物品。

需要注意的是，如果是用来存放书籍，吊柜的进深约为 30 厘米比较合适；如果是用来存放文件，那么吊柜的进深至少需要 40 厘米。

进深是考量收纳空间大小的重要指标，不同进深的空间，适合存放的物品千差万别。存放文件还有一个好用的工具，就是分体式文件筐。

与传统的三联或四联文件筐不同，分体式文件筐是单联的，一类一盒，从高处取用物品更加方便。

2. 桌面收纳的注意事项

桌面上不宜摆放太多杂物，不然很容易分散注意力！在家办公本来就容易受到外界的干扰和影响，如果桌面太过拥挤、物品杂乱无章，很可能会被某种东西吸引，不知不觉就做了很多不相关的事情。

桌面上可以放置笔筒、本子、文件、水杯、手机等必备物品，其余物品则放进抽屉里。

生活小妙招

> 　　推荐使用电动升降桌，只需按"上""下"键，就能轻松调
> 节桌面高度，实现站着办公。对久坐的上班族来说，站着办公有
> 助于放松身体。

3. 抽屉收纳

　　抽屉的收纳同样重要，打开抽屉时，谁都不希望看到里面一团乱麻。无论哪里的抽屉，都非常容易变得混乱，因为"眼不见为净"，我们很可能把毫不相干的物品胡乱地塞进抽屉里。

　　审视一下自己的办公桌抽屉，如果有必要，可以把物品全部取出来，再依次分类。需要断舍离的物品及和办公完全无关的物品，就不要再放回抽屉中了。

　　给抽屉内部分区的方法有很多，比如用不同大小组合的小盒子划分不同区域。

还有一种灵活的收纳工具，就是"抽屉洞洞板"。区别于一般立在墙面上的洞洞板，抽屉洞洞板是放置在抽屉内部的，配有很多小插片，可以根据被收纳物品的形状自由拼插，划分出专属的收纳空间。

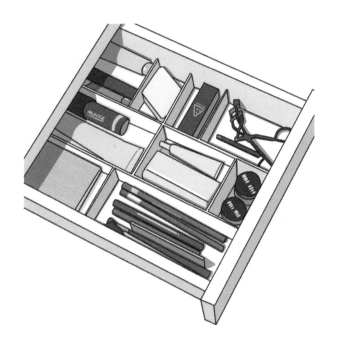

4. 电源和数据线收纳

电源和数据线的收纳也很重要。毕竟，如果脚下全是杂乱的电源和数据线，会让人的心情格外烦躁。

电源可以悬挂在桌子下方或粘贴在桌子腿上。

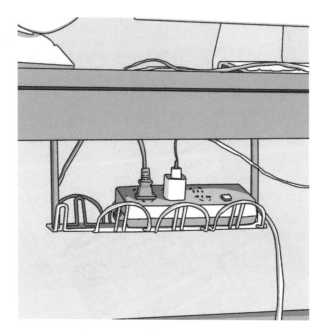

　　收纳数据线则推荐使用"磁力绑带"。与常规的绕线器不同，磁力绑带通过两端的磁力吸片固定数据线。这样的设计，可以让收纳数据线这件事变得省时省力！

　　磁力绑带还能用在冰箱上，粘贴便条贴、袋子等轻物。

第5节
把办公桌打造成一张名片

办公室的办公桌的收纳，是职场中的一张名片。

一张乱七八糟的办公桌，很难让人信任这张办公桌主人的工作能力。因为杂乱的办公桌，会让人觉得"也许他经常弄丢资料""他可能不太守时""交代他的事情也许会被遗忘"。

职场人士给人这种印象，其实是很危险的，意味着许多机会可能会与自己失之交臂。

办公室的办公桌的收纳和家庭办公区的收纳略有不同。办公桌一般不涉及墙面收纳，而需要留出足够的空间存放纸质资料，并且，一定要养成定期归类整理资料的习惯。

很会收纳的人，会按照年份、事项把资料全部整理清楚并贴好标签，制作电子表格来记录资料的主要内容。当需要找资料的时候，马上就能拿出来。好的工作习惯，能让工作效率翻倍，当然就能节省出时间去思考和创造。

整洁的环境可以减少外界的干扰和刺激，更有利于帮助我们专注于当下的工作，更容易进入"心流"状态，高效工作。

当然，也无须过度追求整洁。对适度的杂乱有一定的容忍度，把周围的"烂摊子"当作白噪声，也能锻炼自己的抗干扰能力。

收纳整理最重要的工作之一就是"分类"。想拥有一个整洁的办公桌，先要对自己的物品进行分类！

※　工作相关：

纸类（资料、合同、发票、日历、书、纸质文稿等）

小工具类（笔、纸、本子、便条、夹子等）

电子类（手机、耳机、数据线、U盘、硬盘等）

※　工作无关：

吃喝类（零食、水杯、茶叶、便当等）

摆件类（工艺品、绿植等）

个人护理类（口红、护手霜、镜子等）

携带类（包、钥匙等）

优先安置工作相关的物品，将常用物品固定好位置。

四联文件筐的其中三联可以用于放置纸质文稿，还有一联专门放置发票、收据等。也可以选择分体式文件筐，把各种办公相关的物品"一类一盒"地存放，贴好标签，固定文件的位置。

多功能笔筒可以解决笔、小工具的收纳难题，更多的物品要放置在抽屉中，而不是全部摆在桌面上。将常用的小工具收纳在最上层抽屉里，伸手就能拿到。抽屉内部同样可以用之前介绍的收纳方式进行分区收纳。

电子类产品最好集中放置，即使不能集中收纳，也要确保每件物品都有固定位置。耳机、硬盘、手机等物品用完应记得放回原位。最容易丢的物品就是手机，如果我们没有"给手机找一个固定位置"的习惯，就会将手机到处乱放。

最后，要确保与工作无关的物品不要占据太多位置！如果桌面上摆满了零食或化妆品，可能会严重影响工作效率。为了避免让自己陷入被诱惑的境地，索性减少这部分物品的数量，或者干脆将它们藏在最下层的抽屉里，只在休息时犒劳一下自己，而不是摆在桌面上随手可以拿到的位置。

第 6 节

这样整理文件，离升职加薪不远啦

电脑中的资料同样需要认真地分类并整理。

我最接受不了两种整理文件的方式：第一种是屏幕上全是图标，几乎占满了整个电脑桌面；第二种是嵌套很多层文件夹，找一个资料甚至需要打开四五个文件夹。

第一种方式"简单粗暴"，将资料全部"摊"在眼前，就如同把家里的物品都摆放在台面、桌面上。这样虽然一目了然，但是视觉上非常混乱，没有重点，很容易把各种东西混杂在一起。更糟糕的是，一旦习惯了这种方式，就会降低自己的分类能力，不会给资料归类，无法分辨不同资料的重要程度、使用频率等。

第二种方式是另一个极端，就如同家里买了很多收纳盒，一个盒子套着另一个盒子，本来伸手就能够到的东西，非要打开好几个盒子才能找到。这样整理非常累，一旦失去了整理的兴趣，就会出现更加糟糕的情况——常用的资料堆在桌面，不常用的资料嵌套在好几层文件夹中，如同进入了家里"只进不出"的储藏室，难以找到需要的物品。

想要避免以上两种情况，就要学会整理电脑资料，整理电脑资料的步骤是先分区，后分类。

1. 关于分区整理

曾经我的电脑桌面就是从左上角开始依次排列各种图标。学习了用色块对电脑桌面分区后，我一下就爱上了这个方法。色块整理法非常简单，就是把电脑桌面背景换成一张色块图，在不同的颜色区域，存放不同类别的文件资料。

下图中电脑桌面被分成了 6 个区域。

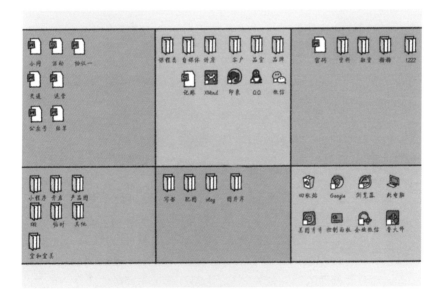

第一行：最左侧的色块区域相当于一个 inbox，紧急的工作事项、未分类的文件、刚下载的资料全部放在这里；中间区域是最醒目的位置，存放长期且重要的工作资料；最右侧区域中是重要但不紧急的文件，如证件、密码等。

第二行：最左侧色块区域中存放了一些"悬而未决"的事情的相关资料，虽然暂时被搁置，但是过一段时间还会继续使用；中间区域存放了短期且重要的工作项目的相关资料，让重要事项全部位于视线的正中；最右侧的区域中存放的则是回收站和不常用软件的快捷方式。

2. 关于分类整理

区域划分完成后，接下来的问题就是，每个区域该如何整理？文件具体该如何分类？

第一层境界，是自己能很容易地找到所需资料。很多人连第一层境界都达不到，常常在"找资料"上浪费非常多的时间。明明是常用的资料，过一段时间就找不到了。

第二层境界，是能很清晰地远程指引同事找到资料。"输出和表达"的过程其实也是检验自己的收纳成果的过程。

第三层境界，是别人无须指引，根据文件和文件夹名称就能找到资料。这表明资料的分类十分清晰明了，如同做了"工作指导书"。如果一时达不到第三层境界，也不用着急，可以慢慢优化分类。

每个人的工作内容千差万别，因此文件分类并没有一个统一的标准，但是方法和原则是相同的。

※ 方法一：给每一类工作项一个"家"

这是分类整理的基础方法之一，为每一类工作项单独建立一个文件夹，相关资料全部集中在文件夹中。建立工作项的文件夹，就如同给文件资料搭建一个"家"，有了"家"，才能不断收集相关资料。

例如，职场人士可能经常需要做PPT，那么建立一个"PPT模板"

文件夹就十分有必要。在日常工作中遇到版式设计得比较好的 PPT，就可以保存在"PPT 模板"文件夹中。如果随手存放，等到有需要的时候，只能凭着记忆苦苦回想"那份精美的 PPT 在哪里"。

※ 方法二：同级别事项采用同样的整理方式

如果会议 A 的相关资料用文件夹整理在一起，而会议 B 的相关资料以原始的 Excel、Word、PPT 的形式分别保存，整个空间就会显得非常混乱。这其实是一种逻辑上的混乱，相当于将不同级别的事情放在了一起。建立一个文件夹来存放会议 B 的相关资料十分必要。

※ 方法三：清晰的文件标题

造成电脑文件混乱的原因还有一个，就是文件命名不清晰，如"新建文件夹""新建工作表"这种无标题的文件，或"计划""开会""待办"这种标题太简短的文件，都会是日后分类整理的难点。如果这样的文件越积越多，可能我们索性就将它们放在"其他"文件夹中束之高阁了。

一起来练习⁺

　　整理好电脑资料后，找工作伙伴来做个测试，口述你想找的资料，看他能否在毫无指引的情况下找到资料。

后记

我最喜欢的博主黎贝卡说："如果不偏离轨道，去做那些未知却很想做的事情，我们怎么会发现生活中那些意外的美好呢？"

· **刚开始的迷茫**

我辞职创业就是一次蓄谋已久的"偏离轨道"。

我还在上班的时候，总有一种"在旁边看着别人生活"的感觉。我觉得我在演一部戏，在这部戏里，我只是一个配角，我的主要任务就是配合别人完成这部戏。

并不是我不受重视，相反，领导和同事都很看好我，但我知道，我早晚会离开这里，我总是有种"没有全力以赴"的感觉。但是，辞职并不意味着开始了更好的生活，刚辞职的时候，我很焦虑，也很迷茫，没有思考清楚自己究竟要做些什么，很多事情并没有自己想象中那么顺利，甚至由于事业不顺利，我在生活中也有些"放弃自我"，懒散又拖拉。

· **开始学习收纳整理**

我第一次了解到"收纳师"这个职业就非常感兴趣，毫不犹豫地走上了求学之路。

在武汉、上海等地系统地学习了收纳课程后，我开始慢慢接触并进入这个行业。

我十分享受学习收纳整理的过程，因为我原本就对家居和收纳整理有浓厚的兴趣。在学习收纳整理的过程中，我不断优化自己的家，点点滴滴的成就感让我更加热爱生活。

在学习过程中我认识了志同道合的小伙伴，我们开始招揽客户，把自己所学的收纳整理技能付诸实践，虽然都是繁杂的脑力和体力劳动，但是总觉得每一天都非常充实。客户的满意度也极高，好评不断！

· 成立工作室的初心

既然真的有市场，索性就成立工作室认真做！

我的收纳整理工作室叫"陪你整理"，"陪你"和我的英文名penny 谐音。

取"penny"这个英文名的原因是这样的，我的名字里有个"P"开头的字，于是我就去找"P"开头的英文名，经过第一轮筛选，我认为"penny"看起来不错。

我又看了一下"penny"的含义，是"一便士"的意思，大概就是一块钱钢镚儿，我瞬间就被这个名字击中了！

一便士，多么寻常和普通啊！

年少时，我们桀骜不驯、心比天高，感觉自己是宇宙中最独特的存在。后来我才发现，其实自己不过是浩瀚宇宙中渺小、普通、平凡的一员，

正如不起眼的"一便士"。

但是巨额的财富，不也是由千、万、亿个"一便士"构成的吗？如同古人说的"不积跬步无以至千里"的"跬步"。

所以，这个名字对我来说，有种罗曼·罗兰说的"世界上只有一种真正的英雄主义，那就是在认清生活的真相后依然热爱生活"的情怀在里面。

我的收纳整理工作室的名字是在有了英文名之后确定的。有一天我躺在床上百无聊赖，思考给工作室取个什么名字，忽然有了灵感，就音译为"陪你整理"吧！

是"陪你整理"，不是"替你整理"，与工作室的理念非常契合！

我们会给客户提供陪伴式的整理服务，力求让每个客户都能感受到收纳整理的魅力，并且在服务过程中，我们也会传播相关的理念，而不是简单地将物品归位。希望每一次整理，都能让客户体验到收纳的乐趣，我们陪伴客户整理，而不是替客户整理。

· 拓展业务范围

每次整理的时候，我都会想办法让客户参与其中，这种陪伴式的服务，受到了很多好评，还有暖心的客户给我写长长的感谢信。收到这样的反馈我总是很开心，收纳整理真的是一件特别治愈人心的事情，参与其中才能体会到乐趣和满足。

我的工作室也开始拓展业务范围。

1. 讲座

第一个拓展业务就是讲座。

对于当时的我来说，真的是无知者无畏，大刀阔斧地筹备起第一次讲座。

讲座的地点是我家小区的物业，为了这次讲座，我模拟练习了很多次。

可是我的性格真的非常不适合做讲座。我是个非常理性的人，情感波动比较少，也不会抑扬顿挫，不会互动和调动气氛。第一次讲座在平平淡淡中开始，在平平淡淡中结束。很感谢当时来听我的讲座的同事和亲戚朋友，我很珍惜他们对我的支持。

随着讲座越来越多，我也有了底气和气场，讲座也慢慢有了"营收"。

我看到有人对着讲座 PPT 拍照，听到同伴说讲座的逻辑很好时，还是很有成就感的。

不过，对于讲座，我的态度一直有些纠结，有时候认为，我要直面自己的短板，锻炼自己在公众场合演讲的能力；有时候又认为，为什么要为难自己？培养擅长演讲的人去讲就是了。可是创业就是这样，要学新东西，要直面自己的短板，要做自己不擅长的事情。

一路走来，收获满满，我终于可以毫不畏惧地面对任何场合的讲座了，也终于学会了调动听众的情绪，活跃现场的气氛。这对于我而言，真的是一个非常大的突破。

2. 服务

工作室上门服务的流程也越来越规范。

为客户上门整理，和学习收纳理论及整理自己家非常不同！客户会有各种各样的诉求，甚至是自己都表述不出来的诉求。

几乎所有收纳师展示出来的都是美好的一面，如整理前和整理后的对比。的确我们的客户满意度是非常高的，但上门服务并不是一帆风顺的。我曾被客户的家属误解，对方不理解我们服务的意义，认为往衣橱里放收纳抽屉是多此一举。尽管我们解释了这样做的原因，还是遭到了对方的无情嘲笑，想想也是很心酸的。

尽管我们做了大量的工作，进行了很多次取舍和分类，思量了很多次物品的摆放方法，但最终显示出来的效果，也仅仅是"整齐了一点"。

我将上门服务的标准化流程梳理了一遍又一遍，激光测距尺、标签机、iPad、电子合同等各种工具也都在不断更新。iPad 使客户资料实现了电子化，翻阅以前一沓沓的客户的纸质材料（合同、沟通事项说明书、客户家收纳空间的手绘图片等），再看现在一个客户一套的电子资料，我非常有成就感。我始终坚信，用最高效、最专业的态度对待客户，客户一定能感受到。

我遇到过给我们做饭、送花的客户，也遇到过请我们在小院里喝茶的客户，甚至还有客户发来很长的文字表示感谢，分析自身现状，并分享人生感悟，使我非常感动。一路走来，感谢厚爱。

3. 博主

我还进入了一个全新的领域，就是做博主。博主对我而言是个神奇的职业，我始终觉得自己不能胜任。

在推广收纳技巧的道路上，我前后做了微信公众号、一兜糖账号、小红书账号，最后是小红书账号让我体会到了做博主的乐趣。

当我积累了一定量的粉丝后，有品牌方伸出橄榄枝，邀约我做产品测评，让我觉得很有成就感。

做博主其实远没有表面看到的那么简单。制作一个 1 分钟的视频，可能需要耗费数小时的时间，包括前期构思和拍摄和后期剪辑等。

博主要真心分享自己的经验、技巧及生活，才能赢得别人的喜爱，要怀有一颗"利他"的心，才能真正帮助到自己的粉丝。

这个过程会锻炼人的各方面能力。要构思好拍摄脚本，要学会怎么运用镜头语言来将事情讲述清楚，要有共情的能力，要发自内心地分享生活，要有足够的选题灵感……

在流量为王的时代，每个人都希望能获得更多的关注，我也曾为流量而苦恼，但是在发布了很多篇笔记之后，我才明白了一个道理：流量不是争取来的，而是发自内心分享经验技巧后自然而然获得的。没有什么技巧，但有走心的内容，是不会被淹没的。

· 个人感悟和感谢

热爱收纳，未必能做收纳师；但做收纳师，必须热爱收纳。尽管我在收纳师的道路上遇到过很多挫折，但还是很开心一路走来遇到了很多

志同道合的人。

在做收纳师之前，我身边一个收纳师也没有，这对我来说还是个非常新奇的职业。成为收纳师之后，我的朋友圈中多了很多收纳师，看到他们开课了、有客户了、办讲座了，我心里会有些焦虑——为什么自己发展得还不够快？

后来我打开心扉，勇敢交流，慢慢发现收纳师朋友都是非常可爱的人，他们会分享自己的心得，也会做直播。这个行业里的人，都是热爱生活、热爱分享、乐于助人的人。能和大家一同成长，也是难得的人生经历。

创业一年，我尝遍酸甜苦辣，获得了上班没有的人生体验，这些体验不能用金钱来衡量，却是另一个层面的"很值钱"。

《只工作，不上班》这本书中讲了很多创业者的故事。上班，是把自己的时间"出卖"给老板；而工作，是为自己而工作。如果你的内心已经开始纠结要不要辞职创业，那就勇敢一次，不要让将来的自己后悔。当然，如果在职场上也能获得足够的成就感和满足感，好好规划职场生涯也是很不错的选择。

创业就是心酸自己体会，甜蜜留在心底，苦涩自己品尝，压力自己承担。创业后我忽然感觉自己是个大人了，这个"大人"不是年龄上的，而是心理上的。一直被保护得很好的我，没有真正闯荡过江湖，如今拥有了一个自己说了算的人生，我觉得非常幸运。

做喜欢的事情，身边都是喜欢的人，这不就是最理想的人生状态吗？那些涌来的困难、问题、麻烦，都会使我的人生体验更加丰富。

　　我时常问自己，创业的原动力是什么？我想应该是"成为更好的人"。成立一个收纳工作室，我需要提升的方面太多了。在忙忙碌碌中提升自己各方面的技能，是很幸运和满足的事情。

　　这一年，我好像才"长大了"，不再按部就班地生活，不再伪装自己，不再纠结。

　　创业真的是一件很奇妙的事情，能让人遇到更多有趣、有能力的人，看到更大、更广阔的世界。更奇妙的是，在这一年，我做了双眼皮，养了猫，拔了智齿，准备整牙。

　　也许这些事与创业、做收纳师毫不相干，但是我却认为，是有了辞职创业的开端，才有了后面的精彩生活。人勇敢一次，就会发现，其实也没什么大不了，就会接着勇敢很多次！这种勇敢，使人敢于改变和打破常规。

　　我们总是会不知不觉地被一些事情束缚而不自知，比如安逸的职场环境、越来越大的年龄、周围人的目光……一旦被这些事束缚住，很多决定都是"没必要"。

　　但我还是希望，无论在什么境况下，都能完全按照自己的意愿去生活，哪怕失败了也不后悔。只要想做，一切都是有必要的。

　　关于创业会不会失败，其实我反倒觉得，创业失败不一定代表真正失败了。如果创业的目标只是赚很多钱，那可能不会如愿以偿，未必每一种商业模式都是优秀的商业模式，未必每个人的经商能力都足够强。

　　但是，人生没有白走的路，每一步都算数。

　　只要好好努力，一定不会毫无收获。比如这本书，是我人生中第一次出书，还有我的客户、粉丝，都是我宝贵的财富和收获。按照这个维度来衡量，就会觉得，一切都值得，我创业很成功！

　　我喜欢热气腾腾的生活，一定要步履不停地折腾下去，过那种"滚烫"的人生，热爱生活，努力创造。

　　如今出版这本书，是我一年前刚进入收纳行业的时候，完全不敢想象的事情。今天，这本书被出版了出来，还寄送到了你的手上，我把我对收纳的心得体会、对收纳技巧的整理，全部呈现在你的面前。

　　如果书中的某个观点、某句话打动了你，如果书中的某个收纳技巧让你获益，如果你能通过这本书体会到收纳的乐趣，将会让我非常满足！

　　我会一直前行，你呢？